# 前　言

　　畜产品特别是食用畜产品与人民日常生活关系极为密切，是民众食物结构中重要的蛋白质来源。在我国畜产品对人民的生活而言，是除了粮食之外最重要的食品，其食用安全关乎民众的身体健康、经济发展、社会稳定和城乡和谐。

　　但是，近年来我国的畜产品食用安全问题突出。2005—2006年的"高致病性禽流感"引起社会对于消费禽产品的恐慌，2008年的"三聚氰胺奶粉事件"引起人们对于消费乳制品的恐慌和奶粉的大量外购，2007—2011年不断揭示的添加了苏丹红的"红心鸭蛋事件"打击了人们对于消费鸭蛋的信心，全国各地连年数次的"瘦肉精猪肉致人中毒事件"引发了人们对于消费猪肉的担心。还有饲料环节的抗生素滥用、违禁添加剂使用等，再加上各种畜禽疫病时有发生，以及近期的人感染H7N9禽流感事件。这些问题严重打击了我国广大消费者对于国内畜产品食用安全的信心，也使我国畜牧业发展面临严峻的挑战，我国的畜产品市场也愈加难以稳定。

　　从全球范围来看，有关畜产品的食用安全危机，也给许多国家的经济发展与社会稳定带来了严重的重击。2003年美国发现疯牛病使得多国对其牛肉进口实行限制，2005年英国的"疯牛病事件"震惊世界，2008年和2011年的日本禽流感疫情，2008年韩国"抵制美国牛肉进口事件"，欧洲的"以马肉冒充牛肉事件"席卷欧洲英法德等16国等。由此，畜产品食用安全问题引起了相关国家的高度重视和全球舆论的极大关注。

在这样的发展背景下，全方位系统深入地研究和探讨保障我国畜产品食用安全的对策问题，就体现出更为重要的现实意义。

保障畜产品的食用安全涉及到整个畜牧业产业链，畜牧业产业链上的每个环节也都存在着影响畜产品食用安全的风险。因此，只有从全产业链的角度出发，从畜牧业产业链上的每个环节入手，实现畜产品食用安全的全程管控，才有可能保障市场上的食用畜产品的消费安全。这是一项庞大的系统工程，需要在产业链的每个环节建立责任—诚信机制；需要对每个环节的从业者进行从业规则教育和保障食品安全的科普教育；需要创新管理机制；保障投入品环节的规范安全；需要通过推广健康养殖理念和动物福利标准来减少畜禽疫病的发生；需要通过实施良好农业规范来实现畜产品生产全程的质量控制；需要整合已有的食品安全监管资源，提高对于畜产品食用安全的监管质量和监管效率；需要整合已有的追溯技术手段和管理方式，建立食用畜产品的全程可追溯体系。

基于对我国畜牧业发展的长期关注和深入研究，作者开展"保障畜产品食用安全"的专题研究已有五年多的时间。期间作者主持的研究项目涵盖"保障我国畜产品食用安全对策研究"（国家社科基金项目）、"畜牧经济与畜产品贸易"（北京市学术创新团队建设项目）、"基于生鲜猪肉安全的北京畜牧企业管理创新研究"（北京市创新团队提升计划项目）、"农业创新与农业多功能拓展研究"（北京市社科基金项目）、"生猪产业链各环节成本收益分析"（农业部项目）等。

# 前　言

　　本书是"保障畜产品食用安全"专题研究的阶段性成果。全书分为八章，内容为：食品安全概述，食品安全的危害、风险与控制，我国畜牧业产业链概述，我国畜产品食用安全概述，饲料和投入品环节畜产品食用安全保障对策，饲养环节畜产品食用安全保障对策，屠宰环节畜产品食用安全保障对策，零售环节畜产品食用安全保障对策。由于作者水平有限，本书难免存在不足之处。另外，有关"保障畜产品食用安全"领域的某些观点和问题也还尚待进一步研究和探讨，敬请专家和读者批评指正。在本书的写作过程中，参考和借鉴了许多同行专家和学者的论文和论著，从中获益颇多，在此深表感谢。

　　另外，在本书的具体写作和出版过程中得到了国家社科基金项目"保障我国畜产品食用安全的对策研究"（13BGL098）、北京市创新团队提升计划项目"基于生鲜猪肉安全的北京畜牧企业管理创新研究"（IDHT20140510）的直接支持和资助，在此一并表示感谢。

作　者

2016 年 1 月

# 目 录

# 第一章

## 食品安全概述

## 第一节　食品安全问题与我国食品安全状况

### 一、食品安全的基本概念

#### （一）安全食品的生产

在人们的日常生活中，每天都会接触到多种多样的食品，它是供人类食用或饮用的物质，包括未加工的食品（比如蔬菜类、水果类、鱼虾类等）、初加工的食品（比如面粉类、米类、生鲜肉类、鲜奶类等）、加工半成品（比如分割肉类、洗净蔬菜、切面挂面等）、深加工食品（比如罐头食品、各类面包、熟肉制品等）。

作为食品，首先它们都具有一定的色、香、味、质地和外形；其次是它们都含有人体需要的各种蛋白质、脂肪、碳水化合物、维生素、矿物质等营养素；第三也是最重要的一点，就是它们必须是无毒无害的（即必须保障人的食用安全）。也就是说，食品必须是在洁净卫生的环境下种植、养殖、生产、加工、包装、贮藏、运输和销售。

在从"农田到餐桌"的整个食品产业链上，消费者位于产业链的终端，是所有食品的最终用户。消费者由于受到年龄、受教育程度、文化背景、生活经历、购买能力、健康状况、营养需求、性别、职业、政治倾向、在家庭中的地位等因素的影响，他们对安全食品的理解是不尽相同的。一部分消费者认为，安全食品就是对食品原料进行合理的处理、正确的加工，即食品生产加工设备和工具器具要彻底清洗和消毒，盛放食品的器具要干净卫生，包装材料要符合食品卫生的要求，食品生产者要保持良好的个人卫生习惯等。另一部分消费者则认为，安全食品应含有丰富的蛋白质、碳水化合物、维生素、矿物质等营养成分，不应含有有毒有害物质，在正常的贮藏和运销环境下，安全的食品需要保质期长，没有受到任何交叉污染。还有一部分消费者认为，安全食品就是人食用后不会生病，人们所购买的食品要新鲜、包装无破损、未过保质期，而对于那些变色、变味、变质的食品则应禁止销售、禁止食用。

食品安全专家和食品安全法律法规制定者，作为全社会关注安全食品的代表人物，必须要充分考虑到消费者、政府部门、经营企业和社会舆论对于安全食品的看法和观点，必须要为安全食品进行科学分类，并按不同类别制定出科学的标准和生产经营规范。比如，针对当前的社会舆论和消费者倾向，对于水果、蔬菜、粮食就要制定出严格的农药残留标准和重金属残留标准；对于生鲜畜产品就要制定出严格的兽药残留标准和可允许的致病菌数量标准。

食品生产企业必须首先是安全食品的生产者，要对食品安全负首要责任。从食品生产经营企业来看，安全食品必须是按照一定的标准和规程生产，符合营养、卫生等各方面标准，可长期正常食用且不会对消费者的身体健康产生阶段性的或持续性的危害的食品。保护消费者利益是食品安全法律法规制定的宗旨，维护消费者权益是食品安全专家的责任。食品安全专家要向食品经营企业灌输和强化保障食品安全的经营理念，要对食品生产企业加强保障食品安全的科学引导，要协助政府部门建立和完善食品质量安全法律法规，要引导社会媒体对于食品安全问题进行科学、公正、合理的报道，还要加强对消费者的食品安全教育和食品安全科学知识的普及，引导消费者科学理性的消费。

随着我国工业化发展进程的加快，环境污染问题日益凸显，水污染、土壤污染、空气污染问题越来越突出。食品源自于自然环境，无论是种植还是养殖，食品生产都离不开水、土壤和空气。环境的污染会直接影响到食品生产的过程，环境中某些元素的超标会直接反映在环境所产出的农产品中，环境不安全就会导致食品不安全。因此，生产安全食品必须首先选择符合安全食品要求的生产环境。安全食品应该选择在空气质量达标、水源质量达标、土壤未受污染（土壤达到生产食用农产品的标准）的良好农业生态环境中生产，应尽量避免选择在繁华的城镇、大规模工业区和交通要道附近进行生产。生产食用农产品的场地或环境，其土壤、水、空气中的有毒有害物质均不得超标，比如对于有机氯、有机磷、氟化物、硝酸盐、重金属和有害微生物等都规定了严格的限定标准。

目前，我国对于安全食品的衡量分为三个层次，即无公害食品、绿色食品和有机食品。

无公害食品是指生产地的环境、生产过程和产品质量符合一定标准和规范要求，并经过认证合格，获得无公害食品认证证书，允许使用无公害农产品标志的没有经过加工或者经过初加工的食用农副产品。无公害农副产品是我国普通农副产品需要达到的质量安全水平，是农副产品进入市场的门槛标准。无公害农副产品的质量指标主要包括两个方面，就是食品中重金属含量的最高可允许标准和农药（兽药）残留量的最高可允许标准。

绿色食品是遵循可持续发展原则，从保护和改善农业生态环境的角度入手，要求在种植、养殖、加工过程中执行规定的技术标准和操作规程，限制或禁止使用化学合成物（比如化肥、农药、化学合成食品添加剂等）及其他有毒有害的生产资料，要求实施从"农田到餐桌"的全过程食品质量安全控制，以保护生态环境、保障食品安全、提高食品质量。要辨识一种食品是否是"绿色食品"，要看其是否具有农业部颁布的绿色食品证书、产地认定证书、产品认定证书和监测报告等。我国的绿色食品分为 A 级和 AA 级两大类。A 级绿色食品要求生产基地的环境质量符合 NY/T391 标准的要求，生产过程必须严格按照绿色食品的生产准则，限量使用限定的化学肥料和化学农药，且食品质量符合 A 级绿色食品的标准。AA 绿色食品级要求生产地环境与 A 级相同，生产过程中不使用化学合成的肥料、农药、兽药，以及政府禁止使用的激素、食品添加剂、饲料添加剂和其他危害环境和人体健康的物质，且其食品质量符合 AA 级绿色食品标准。

有机食品是根据有机农业原则和有机食品的生产、加工标准生产出来的，经过有机农产品颁证机构确认并颁发有机农产品证书的农产品。有机农业是一种完全不用人工合成的肥料、农药、生长调节剂和饲料添加剂的食品生产体系。它禁止使用基因工程产品，在土地转型方面，一般需要经过 2～3 年的有机产品环境转换期（以消解原来使用化肥和农药带来的土壤残留和环境残留）。有机食品的生产过程受到严格的控制，要求确定地块（即生产地点严格执行环境质量标准）、确定产量（实施有机食品生产一般产量会比使用化肥降低，因此不能追求产量的提高）来进行有机食品的生产。因此，真正的有机食品其供应量不可能很大，其市场价格一般会偏高。

### （二）关于食品安全的涵义

在我国所谓"食品安全"有两重含义，一是要保障食物供应方面的数量安全，即从供应数量来看，要使人们既买得到、又买得起所需要消费的食品；二是要保障食品的质量安全，即要求食品营养全面、清洁卫生，而且食品质量对人体健康不会造成当前的和潜在的危害。

世界卫生组织（WHO）最初将"食品安全（Food Safety）"定义为：避免食物中有毒、有害物质对人体健康产生影响而引起的公共卫生问题。这个定义强调的是要避免食品安全问题引起公共卫生事件的发生。在 1996 年，世界卫生组织又将其"食品安全"的定义表述为：食品安全是对食品按其原定用途进行制作和食用时不会使消费者受害的一种担保。这个定义则更加强调食品生产经营者对于保障食品安全应当承担担保责任。

"食品安全"其实是一个综合性很强的概念，要全面地认识食品安全，就至少要从以下五个层面来对食品安全进行评判。

**1. 食品营养成分缺乏层面**

食品的最主要用途就是提供人体必需的营养。因此，食品提供的营养元素过剩或缺失，都会造成对人体营养状况的危害，特别是对于某些特定人群的危害会更大（比如处在生长发育期的少年儿童、身体虚弱的病人等）。例如，在 2004 年发生在安徽阜阳的"大头娃娃奶粉事件"，就是因为奶粉中营养成分严重缺乏，因而导致婴儿生长发育严重不良，甚至表现为停止生长、四肢短小、身体瘦弱。因为那些婴儿看起来脑袋偏大，因而此事件被人们称为"大头娃娃奶粉事件"。

**2. 食品中含有天然毒性成分层面**

某些食品中会含有天然毒性成分，这不是人们刻意所为，但是却需要人们在食用这类食品时必须要刻意避免中毒现象的发生。例如，某些食品天然自带毒素（比如人们经常食用的黄花菜，鲜食就有毒，晾干后经水发再食用就安全；河豚体内含有神经毒素，其毒性是剧毒氰化物的几百倍，只有经过专业处理去除毒腺，才能消除毒性），或是在其生长、贮存时可能会生成某些有毒有害物质（比如，玉米在贮藏不当时会被黄曲霉污染，并产生黄曲霉毒素；花生在贮藏不当时也会产生黄曲霉毒素）。对于这类含有天然毒性成分的食品，要通过科普宣传教育民众掌握其食用规律，以避免由于不当误食而引发食物中毒事件。

**3. 食品的微生物污染和病毒污染层面**

食品是人类获得营养的来源，同时也是微生物生长的良好培养基。食品的腐败变质、由食物引发的中毒事件和食源性疾病，绝大多数都是由食品中的微生物污染而引起。比如，发生在美国的"菠菜风波"，就是由于菠菜被污染水携带的大肠杆菌污染所致，这一事件致使 173 人得病，3 人死亡，受影响的消费者遍布美国的 25 个州。再比如，发生在上海的由食用毛蚶引发的"甲型肝炎大流行事件"曾经持续了两个多月的时间，致使甲型肝炎病毒感染者人数超过 35 万人，死亡 31 人。究其原因，其实就是食用的毛蚶产自甲型肝炎高发区，并且毛蚶生长区域受到了甲型肝炎高发区人畜粪便的污染。因此，食品的生产和运销环境必须要净化，加工和烹调方式也要科学，要杜绝食品的微生物污染和病毒污染事件的发生。

**4. 食品添加剂使用层面**

食品添加剂是指为改善食物的色、香、味等品质，以及防止食物腐败变质、保持营养等，而在加工环节加入到食品中的人工合成物质或天然物质。目前，我国食品添加剂有 23 个类别，2 000 多个品种，包括酸度调节剂、抗结剂、消泡剂、抗氧化剂、漂白剂、膨松剂、着色剂、护色剂、酶制剂、增味剂、营养强化剂、防腐剂、甜味剂、增稠剂、香料等。在国家允许的范围内，按要求科学使用食品添加剂一般不会出现食品安全问题。但如果不按要求使用（滥用），或者使用国家禁用的物质，那必然会造成食品安全隐患。而食品添加剂的滥用问题，是当前我国产生食品安全问题的重要原因。

**5. 食品中的化学成分层面**

从食品中的化学成分来看，如果是某些化学成分超标，或是含有某些有毒有害化学物质，那么，就会引起由于食品中的化学成分带来的食品安全问题。食物中含有有毒、有害化学物质，包括直接加入食品中的有毒、有害化学物质，也包括间接带入食品中的有毒、有害化学物质。有些化学物质在含量低的时候不会引起食用者中毒，但当其含量达到一定水平时，就可以引起食用者急性中毒。比如，生产米粉、腐竹时使用的"吊白块"，当含量低的时候（用量不超标）不会危害食用者的健康，但如果用量超标，那就会危害到消费者的身体健康。因此，加工食品时添加化学物质一定要做到慎重、守法、合规，只有这样才能避免食品安全问题的产生。

## （三）食品卫生、食品质量、食品营养和食品安全

在现实生活中，人们经常会遇到"食品卫生""食品质量""食品营养"和"食品安全"这几种不同的说法。有些人会将这几个名词混为一谈。关于食品卫生、食品质量、食品营养、食品安全的概念以及这几者之间的关系，有关国际组织在不同的文献中有不同的

表述,国内的相关专家、学者对此也有不同的认识。

1996 年,世界卫生组织将"食品卫生"界定为:为确保食品安全性和适用性,在食物链的所有阶段,必须尽可能采取的一切卫生条件和卫生措施。"食品质量"则是指食品满足消费者明确的或者隐含的需要的特性。"食品营养"是指人体从食品中所能获得的热量和其他营养物质的总和。相对于"食品安全"概念而言,食品卫生、食品质量、食品营养等都是从属层面的概念。

在有关"食品安全"的概念上,国际社会已经形成以下几点共识:

**1. 食品安全是个综合性的概念**

从其综合性考虑,食品安全包括食品卫生、食品质量、食品营养等相关方面的内容,并涉及到食品种植、养殖、加工、包装、贮藏、运输、销售、消费等诸多环节。

**2. 食品安全是个社会概念**

食品安全与食品卫生、食品营养、食品质量等从属概念不同,食品安全还是综合性的社会治理概念。不同的国家以及不同的时期,其食品安全所面临的突出问题和治理要求都会有所不同。在发达国家,食品安全所关注的主要是因科学技术进步所引发的新问题,比如,转基因食品对人类健康的影响问题等;而在发展中国家,食品安全所侧重的则是由于生产水平低下或是市场经济发育不成熟所引发的供给不足问题、流通不畅问题,以及假冒伪劣问题、有毒有害食品的非法生产经营问题等。

**3. 食品安全是个政治概念**

无论是发达国家,还是发展中国家,保障食品安全都是食品生产经营者和政府对全社会必须做出的最基本的承诺和需要承担的最基本的责任。食品安全与生存权紧密相连,关乎民众的身体健康和社会安定,因此,社会对于食品生产经营行业会提出更高的道德要求。各国政府也都会通过制定法律法规和社会舆论引导,来支持对食品生产经营行业采用更高的道德要求。从这一点来看,保障食品安全带有强烈的政治色彩,对食品生产经营行业具有强制性。

### 4. 食品安全是个法律概念

自 20 世纪 80 年代以来，一些国家以及有关国际组织从社会综合治理的角度出发，逐步用以食品安全为主轴的综合立法替代了以卫生、质量、营养等要素为主轴的单项立法。1990 年英国颁布了《食品安全法》，2000 年欧盟发表了具有指导意义的《食品安全白皮书》，2003 年日本制定了《食品安全基本法》。一部分发展中国家也制定了综合性的《食品安全法》，并逐步替代了以要素为主轴的《食品卫生法》《食品质量法》和《食品营养法》等。

基于以上分析，食品安全的概念可以表述为：食品的种植、养殖、加工、包装、贮藏、运输、销售、消费等活动必须要符合国家强制标准和要求，并且不存在可能损害或威胁人体健康的有毒或有害物质，以导致消费者病亡或者危及消费者及其后代健康的隐患。这一概念表明，食品安全既包括食品生产安全，也包括食品经营安全；既包括消费结果安全，也包括生产过程安全；既包括消费的现实安全，也包括消费的未来安全。

## 二、食品安全研究的内容

食品安全问题是关系到民众健康和国计民生的重大问题。我国在基本解决了食品数量的安全（Food Security）问题之后，食品的质量安全（Food Safety）问题越来越引起全社会的关注。尤其是我国作为世界贸易组织的新成员，与世界各国之间的贸易往来日益增加，食品安全问题已经成为影响我国农业和与其密切相关的食品工业竞争力的关键因素，并且在一定程度上制约了我国农业未来的发展和我国食品工业的进一步发展。

食品安全研究要以提高食品质量水平，保障人民身体健康，提高我国农业和食品工业的市场竞争力为最终目标，需要从我国食品安全存在的现实问题和关键环节入手，采取自主创新和积极引进并重的发展原则，重点解决我国保障食品安全中存在的关键检测技术、质量安全控制技术和监测技术薄弱的难题，努力建立起符合我国国情的保障食品安全科技支撑体系。

我国食品安全主要研究重点为食品生产、食品加工和食品流通过程中影响食品安全的关键控制技术、食品安全检测技术与相关设备，以及多部门有机配合和共享的监测网络体系。未来主要应从以下几个方面开展研究，即研究开发食品安全检测技术与相关设备（把好食品进入市场的关口）、建立食品安全监测与评价体系（完善食品生产各环节的溯源机制）、积累掌控食品安全标准的技术基础数据（为关键成分和关键要素设限或制定标准尺度）、发展食品生产与流通过程中的控制技术和管理模式（实现全产业链质量安全可管控）。

（1）以食品安全监控技术研究为突破口，大力加强检测技术和检测方法的研究，并针对我国目前检测方法不完善、不成体系、检测技术比较落后的现状，通过完善食品安全检测方法体系，实现食品安全检测资源合理配置与优化，提高食品安全检测技术能力。还要针对我国国情，构建符合国际惯例的检测技术体系，引进国外先进的检验检疫和检测技术，建立一批我国监督执法工作中迫切需要的快速筛选方法。要加强农药和兽药多残留系统检测方法研究和快速检测方法研究；加强食品添加剂、饲料添加剂及食品中环境持久性有毒污染物、生物毒素和违禁化学物质监控技术的研究；以及开展食源性疾病和人畜共患病病原体（细菌、病毒、寄生虫等）的监测与溯源技术及设备研究。

（2）开展食品安全监测与分析评价。要针对目前我国存在的对食品安全情况不明、家底不清的状态，建立健全食品安全检验、检疫、监测体系，掌握我国的食品安全实际状态，并对我国食品安全状态有一个科学而量化的描述、评价和风险评估。要建立我国有害生物和有毒、有害物质食品安全标准体系。在研究食品中危害因素污染水平的基础上，了解暴露水平及相应的生物标志物的变化，找出食源性疾病的阈值。还要建立进出口食品监督管理的预警和快速反应系统，并根据国内外市场需求状况，提出我国食品产业结构调整的建议。

（3）加强食品安全管理控制技术研究，提高食品安全质量。要建立适合我国国情的 HACCP 实施指南，积极引导无毒、低毒农兽药的开发与生产，促进 HACCP 在我国更多食品行业的生产和加工企业中实施，并建立具有我国特色的"食品加工安全评估与危害控制"技术体系。要开展食品工业用菌安全性的检测与评价研究，开展流通、包装和储藏领域中食品安全控制技术的研究，开展进出口食品安全风险控制技术的研究。

（4）结合我国国情，研究和建立我国保障食品安全的技术措施体系。通过对国内外涉及食品安全的技术、法规、标准的比较研究，针对我国农业生产、食品加工、消费习惯、环保要求以及经济发展状况，制定切实的对策，建立符合 WTO 原则，适合我国国情的技术措施体系。这一体系应包括为法律法规的建立与完善，提供强有力的技术支持的技术平台，以及为技术标准制定和修订提供科学依据的数据库。保障食品安全的技术措施体系的建立，将会增强我国食品在国际市场上的竞争力。

（5）发展食品生产与流通过程中的控制技术和管理模式。要按照"点线面"的模式推进我国食品安全的专项政治行动的实施。要从源头监控入手布"点"，建立产地溯源机制；要沿着"从农田到餐桌"这条"线"，在食品生产和流通领域选择基础实力强的大中型食品经营企业在物流配送系统开展"安全示范工程"；要在国内选择有条件的区域作为"面"，来进行保障食品安全的整体推进工作。

## 三、政府、产业、专家、消费者、媒体在保障食品安全中的角色

食品安全的监管涉及到"从农田到餐桌"的全过程，包括食品生产、加工、储存和分销等诸多的中间环节。有效地保障食品安全也需要食品产业链各方的协作，比如需要政府、农户、涉农企业、食品加工企业、消费者、商业中介组织、相关科研机构、媒体等进

行有效的配合与协调，才能促进保障我国食品安全目标的实现。

由于保障食品安全涉及到众多的机构与环节，如何让这些食品产业链上的利益攸关者协调行动、积极参与，并在此基础上建立起沟通合作的平台，是未来我国制定食品安全政策的重点。只有食品安全产业链各方的目标明确一致，才能实现协同努力、紧密合作，才能准确及时地应对食品安全的挑战，并从整体上提升我国食品安全的保障水平。

## （一）政府在保障食品安全中的角色

2009 年颁布的《中华人民共和国食品安全法》，极大地推动了我国政府对食品安全的监督管理工作。食品安全监督管理是一项需要长期坚持的工作，要时时面对可能出现的食品安全新问题、新情况，因此，政府要有食品安全工作的长远设计和长远规划。

首先，要明确食品安全监督管理部门的职责，以分段监管为主、品种监管为辅的监管原则，来明确各部门的监管责任。只有明确职能和权限，做到各司其职，才能保证整个食品安全监管系统的高效运作，才能促进我国整个食品行业食品安全保障水平的提高。

其次，要改革政府管理机构并加快政府职能转型。我国食品安全监督管理的一个现实问题就是多头管理，缺乏一个统筹规划的机构。因此，未来成立一个管理食品安全的专职机构很有必要。这个专职机构可以直接掌控全国的食品安全工作，并可以通过部门间的协调来实现有效执法。

第三，政府要加强教育和引导，促进食品生产经营机构或企业提升其社会责任感和道德水平。我国的食品安全事件之所以层出不穷，其中一个重要的原因就是食品生产经营机构或企业的道德缺失。在现代社会，食品生产经营机构或企业不应仅仅是食品的生产者和服务提供者，更应该是食品行业经营规范的坚定执行者和维护者。只有这样，才能促进食品行业发展、承担社会责任、维持社会稳定、体现出高道德水准。食品行业经营者的伦理道德培养，直接关系到食品的质量安全及社会的公共利益。经营者如果能做到恪守道德诚信，那么无论是对食品行业发展还是对消费者，乃至对于整个社会，都会产生极大的正能量。社会诚信体系和信用体系的建设不是一朝一夕的事情，需要政府的长期引导、教育和支持。只有切实提升了经营者的商业道德，使其充分认识到自己所肩负的社会责任时，保障我国社会食品安全才能真正落到实处。

第四，政府要加强与消费者的交流与沟通。政府与民众之间适时沟通、有效交流，是有效遏制食品安全问题发生的重要举措。由政府规划和指导，利用电视、广播等媒体，定期举办各种有关食品安全知识的公益讲座，就能有效地向民众普及食品安全知识，并调动民众积极参与食品安全监督的活动。这样就能使民众与政府共同形成食品安全监督的合力，促进食品市场净化，食品经营规范，提升全社会的食品安全信心。

## （二）产业界在保障食品安全中的角色

产业界是食品的提供者，有效的食品安全保障体系需要食品产业链各方的密切配合。食品产业界主要包括食品生产者、进口商、加工者、销售商（零售商和批发商）、食品服务商、贸易组织、专业群体等。产业界成员的主要责任，就是将食品安全地从田间送到消费者的餐桌。在整个食品产业链中，每个环节的基本责任都是确保食品的安全。为了有效地完成这一任务，食品产业链成员必须保持与政府和消费者的紧密联系。

政府是制定标准并提供监督的主体；广大消费者会以选择购买的方式表达他们对于食品安全的信心与态度。产业界在食品安全监管体系中的作用，主要是通过以下途径来落实的：第一是与政府的沟通，产业界将食品行业的食品安全信息传递给政府，这为政府完善管理制度提供了基础；第二是通过行业自律来加强食品行业内部的食品安全监督管理；第三是要与消费者主动沟通，并根据消费者关于食品安全需求的变化，不断完善食品行业内部的食品安全管理制度，以促进食品安全保障水平的提高。

### （三）食品科技工作者在保障食品安全中的角色

食品安全问题是国家关注、社会关注、民众关注的热点问题，但是，保障食品安全却需要有科学技术的强大支撑。评判食品是否安全需要有高科技的手段，科技工作者理应在保障食品安全方面发挥自身优势，起到技术后盾的作用。高等院校和科研机构的专业人才优势和技术设备优势以及学科优势，在开展食品安全方面的科研工作中应该发挥作用，在实际检测工作上也应为食品产业提供高水平的服务。

对于食品科学学会来说，要整合和组织国内的食品科技工作者，使他们在食品安全科学研究方面发挥出更大的作用。首先，在食品企业的生产中，要用科学的理念和先进的技术来帮助企业严格把好食品安全关卡，并配合行业管理部门完善食品安全标准。其次，作为国际食品科技联盟的成员，食品科学学会还应承担与国际同行进行学术沟通与交流的作用，可以把国内出现并难以解决的问题放在国际背景下与国际同行专家协商解决，并把国际先进的理念和技术介绍到国内。第三，对一些食品安全问题开展调查研究，提出解决思路和对策建议，供政府部门制定决策时参考。

### （四）消费者和消费者协会在保障食品安全中的角色

在有效保障食品安全的体系中，消费者起着很重要和关键的作用。要通过改善食物质量和提高食物安全性来营造更加良好的食品消费环境，要预防和控制因食品消费而引发的传染性疾病，要促进合理的膳食结构和健康的生活方式的普及。从更长远的角度来看，要从根本上改变我国的食物安全状况，还要取决于消费者的觉醒和全社会对于食品安全的重视程度。

获得有足够营养和有安全保障的食物，是每一个人的权利。我国至今尚有数以亿计的人口曾经或正在因食用（或饮用）了被污染的食品（或饮品）而感染了传染性的疾病。消费者与食品产业体系互动的规模和频率促进了消费者组织的发展。消费者组织则在促进食品安全方面发挥了重要的作用。

我国已经成立了数量庞大的消费者协会。作为民意领袖，这些保护消费者权益的组织也极其关注消费者面临的食品安全问题。通过消费者协会与食品生产商和政府的沟通，促进了我国有关食品安全信息的公开和透明，提升了全社会关于食品安全的监督力量，促进了我国食品安全状况的改善和食品安全保障水平的提高。

### （五）媒体在保障食品安全中的角色

在进入信息化时代以后，随着食品科技的进步、互联网的普及，新闻媒介所承担的食品安全舆论监督功能也显得越来越重要了。近年来，我国许多食品安全事件，都是经过网络等媒介传播才引起社会公众的广泛关注的。电视、广播、互联网等新闻媒介的时效性高、传播范围广、传播速度快，可以在第一时间将食品安全的风险和食品安全事件告之于公众，在其时效性上甚至超出了法律与法规监管的效果。

正是由于传播媒体具有这样的特点，因而媒体关于食品安全的监督往往可以达到出其不意、卓有成效的效果。媒体关于食品安全的监督报道，可以和法律与法规相互补充、相得益彰。但是，现实生活中也出现了个别媒体为了吸引眼球，片面夸大报道食品安全事件从而引起社会不安定的问题。比如，2005年发生的由苏丹红引起的"红心鸭蛋事件"，经媒体过度报道后，就引起了消费者对食品安全的过度恐慌。

有些学者认为，目前社会上对我国食品安全状况的认识存在很多误区，这与媒体报道的不科学有一定的关系。他们认为我国食品安全的危险性被媒体出于吸引眼球的目的而刻意夸大了。从各种媒体对已经发生的食品安全事件的报道来看，媒体记者几乎占据了主导事件报道的主角。但是媒体记者并不是行业专家，他们的观点可以代表社会舆论，可以引导社会舆论，但却不见得完全科学。因此，让专家在食品安全事件中有更多的发言机会和发言权十分重要，这是保证食品安全事件报道"客观、公正、准确"的基本原则。

## 四、我国食品安全问题分析

食品产业既是传统产业，又是朝阳产业。作为传统产业，食品产业历史悠久；作为朝阳产业，食品产业是许多国家众多产业中占据重要地位的支柱产业。对于食品产业而言，保障食品安全性是对这一产业发展最基本的要求。

在食品的三大要素中（安全要素、营养要素、色香味要素），安全要素是消费者选择食品消费的首要标准。日益加剧的环境污染和频繁发生的食品安全事件，已经给人类生命和健康带来了巨大的威胁，并已成为各国政府和民众关注度极高的热点问题。

从全球来看，近年来食物中毒和食源性疾病在全球范围内呈现不断上升的趋势，不仅是在发展中国家，而且在美国、英国、德国和日本等发达国家，也经常出现食物中毒和食源性疾病大规模流行。据世界卫生组织统计，全球每年腹泻病例达 15 亿例，造成 300 万儿童死亡，其中的 70% 是由于各种致病性微生物污染的食品和饮水所致。

由食品安全事件造成的经济损失也十分巨大。比如，美国每年约有 7 200 万人发生食源性疾病，造成的经济损失高达 3 500 亿美元；由于"疯牛病事件"，英国被禁止牛肉出口，仅此一项，每年的损失就高达 52 亿美元；比利时发生的"二恶英污染事件"，造成其经济损失高达 13 亿欧元。食品安全事件不仅使各国在经济上受到严重损害，而且还会影响到消费者对政府的信任，甚至会危及到社会稳定和国家安全。随着全球经济一体化的发展，食品安全已跨越国界，世界上任何一个地区的食品安全问题，都很可能会波及到全球。

### （一）我国食品安全工作概况

自从改革开放以来，我国在食品安全方面做出了许多努力，并取得了一些成绩。首先，我国已经拥有一套较为完善的食品安全法律和法规体系。2009 年 2 月颁布的《食品安全法》，进一步完善了我国食品安全监管的法律法规体系。其次，我国建立健全了一套食品安全监管体制。比如，按环节分段管理为主、品种监管为辅的管理原则，实行了部门间分工协作、分段管理与区域管理相结合的食品安全监管体制。第三，强化了食品安全管理体系和技术支撑体系的建设。第四，开展了一系列的食品安全专项整治工作。比如，开展了滥用食品添加剂专项整治活动、转基因食品的安全监管活动等。第五，在食品安全方面加强了科学研究工作。由企业参与、专业高等院校和科研院所协作，开展了有关食品安全重大项目的科研活动，并且已经取得了初步成果。

虽然我国在食品安全方面已经做了很多工作，并且取得了一定的成效，但是，我国面临的食品安全问题仍然很严峻。在食品安全监管体制和管理机制、法律法规和标准、风险监测和预警、专业人才队伍建设、技术装备水平提升等方面，都还存在着薄弱环节，各类食品安全事件仍然时有发生。这些问题都是我国食品行业急需和正在着力改进和不断完善的领域。

## （二）现阶段我国食品安全问题的新特点

### 1. 食品产业链源头是食品安全的重灾区

近年来，在我国发生的重大食品安全事件中，比如"红心鸭蛋事件""瘦肉精事件""三聚氰胺牛奶"事件等，都是发生在食品产业链的源头，即在种植和养殖环节，或是发生在原料产品出售之前。造成食品源头污染的主要原因，是种养殖者食品安全意识淡薄，在经济利益的驱使下违法使用非食品或饲料添加剂。

另外，承担食品安全监管职责的部门监管也不到位。一方面是多头管理、效率低下。食品从农田到餐桌链条长、环节多，涉及到农业、质检、工商、卫生、商务等多个部门，众多的监管部门在职责上存在着任务重叠交叉、监管责任不清的问题。另一方面是虽然多头管理，但实际监管力量却势单力薄。加之少数监管人员失职、渎职，以及各地普遍存在的地方保护主义等，就使得食品安全监管工作不够深入、细致和规范，监管效果往往不尽如人意。

**2. 化学物质的危害加剧了食品安全问题的严重性**

化学物质的危害包括农药残留、兽药残留、食品添加剂超标、非食品添加剂滥用、环境污染等方面。我国由于化学物质的危害引起的食品安全问题日益严重，卫生部通报过的《2005—2010年我国食物中毒事件报告》就是最好的证明。从这份报告可以看出，虽然微生物危害造成的食品安全事件无论是在数量上还是中毒人数上都远远高于化学物质的危害，但是，我国每年因化学物质危害而造成的死亡人数却居高不下，远远高于微生物危害造成的死亡人数，详见图1-1。在由于化学物质危害造成的食物中毒事件中，亚硝酸盐引起的食物中毒数量大，因此人们称亚硝酸盐为第一杀手。

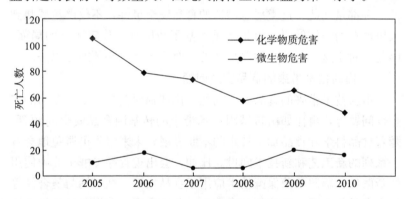

图 1-1　2005—2010 年微生物和化学物质引起食物中毒造成死亡人数
资料来源：历年卫生部通报的食物中毒事件报告。

**3. 假冒伪劣食品引发的食品安全问题突出**

近年来，随着我国对食品市场的不断规范和调控，食品市场混乱的状况已经得到改善，规范的食品市场秩序正在形成。但是，由于食品市场管理相对粗放，食品经营者数量庞大、参与人员素质参差不齐，因而假冒伪劣食品依然难以杜绝。由于少数违法分子对食品制假、贩假、售假，严重扰乱了我国正常的食品市场秩序，这也成为我国保障食品安全的严重问题和极大隐患。

**4. 食品恐怖主义苗头初现**

食品安全关乎老百姓的身体健康和生活安定，也关乎整个社会的人心稳定。所谓的"食品恐怖主义"，就是指利用食品作为媒介物，在食品产业链（从农田到餐桌）的任何一个环节，向食品中人为加入一些有毒有害物质，从而导致食用者中毒、甚至死亡，由此造成极大的经济损失或引起社会恐慌的恶劣行为。

在国际上，一般恐怖主义组织出于政治目的从事食品恐怖主义行为，已经得到舆论的普遍谴责。目前，我国存在的食品恐怖主义行为主要是恶意的报复竞争对手、打击某个对立者以发泄愤怒或是出于经济目的勒索钱财。比如，"中国出口日本饺子中毒事件""雪碧投毒事件""甘肃平凉牛奶中毒事件""好又多超市食品投毒事件"等都是如此。这类恶意制造的食品安全事件，不仅严重威胁到人民群众的身体健康，更是严重扰乱了我国社会稳定团结的局面。因此，对于这类事件必须严加惩处，对于当事人必须绳之以法。

**5. 由新技术带来的食品安全问题**

由新技术带来的食品安全问题，比如辐照食品、纳米食品的安全性问题等，再比如由转基因技术带来的转基因食品安全问题等。随着食品科学和食品加工技术的不断发展，未来将不可避免地会有一系列的新工艺和新技术问世。比如，会出现食品发酵工业中使用的新菌种、辐照杀菌保鲜技术应用于食品加工、纳米钙与螯合钙等新型食品的出现。这些新技术和新工艺的出现，在提高食品加工质量和加工效率的同时，也带来了新的食品安全问题。

在新技术方面，由于转基因食品安全性的不确定性和辐照食品分解产物的安全性问题，因而引起了人们对于新技术的担忧，对于使用新技术生产的食品人们也是心存疑虑。食品工业用菌的应用，近年来在我国也有了很快的发展。除了传统的发酵食品之外，食品工业用菌还广泛使用于酱油、白酒、味精、酶制剂、保健食品、益生菌制剂、奶酪、酸奶等的生产加工之中，已成为国民经济发展的一个新的增长点。但是，食品工业用菌的安全性（或是在生产加工中的产品污染问题）也是一个在国际上备受关注的问题。

食品加工新资源的开发利用导致了新的菌种不断涌现，国外大量的用新菌种生产的食品也已或即将进入我国市场。而目前，我国在食品工业用菌的食用安全方面，从管理到技术支持都还存在大量的急需弥补的空白。即便是一些投产时认为安全的菌种，在长期的传代使用过程中，也可能会发生变异，而由变异导致的有毒代谢产物会造成对食品的污染。特别是我国这一行业中以中小型企业居多，其技术水平较低，往往难以及时发现可能存在的食品安全隐患。再加上我国的监管部门由于缺乏相应的安全检测方法，结果就使食品生产用菌种产生有毒有害物质的事件屡有发生。

# 第二节　食品安全问题的特点与影响因素

## 一、食品安全的基本特点

食品安全是事关人民健康、经济发展和社会稳定的大事，各级政府和广大人民群众都对此十分关注。我国是畜产品生产大国，经过了几十年的努力，我国的肉类、禽蛋产量均已位居世界第一，并成功地解决了我国人民摄入优质动物蛋白不足的问题。但是，由于畜产品引发的食品安全事件近年来屡有发生，比如"瘦肉精猪肉事件""三聚氰胺奶粉事件"等。这些事件严重打击了人民群众对我国畜产品质量和安全的信心，不少消费者减少了对猪肉的消费量，也有的年轻父母只允许孩子食用进口奶粉等。这一状况如不尽快扭转，未来势必会影响到我国整个畜产品产业链的整体发展。

畜产品的食品安全事关我国公众的身体健康和生命安全，也关系到农民增收和我国乡村社会的稳定，必须引起各级政府的高度关注。深入分析畜产品的食品安全问题，旨在为建立保障公众身体健康和生命安全的、高效率的畜产品质量和安全监督和管理体系出谋划策，为此，我们首先需要分析食品安全问题的基本特征。

### 1. 食品安全问题危害的直接性

食品安全问题的危害很直接，食品一旦受到物理的、化学的和生物的污染，就可能直接对人体健康和生命安全产生危害。比如，"瘦肉精猪肉事件""三聚氰胺奶粉事件"都直接对消费者产生了极大的伤害。

**2. 食品安全危害的隐蔽性**

食品安全的危害有时会带有一定的隐蔽性，我们仅凭感官往往难以辨别食品安全的水平或程度，而是需要通过仪器设备进行检验和检测，在有些情况下甚至还需要进行人体或动物实验才能最终得出结论。

食品安全情况的检测往往会受科技发展水平、分析仪器设备等条件的制约，部分参数或指标的检测难度大、检测时间长。因此，对于食品安全状况经常会难以及时准确地做出判断，结果就使这种危害带有较强的隐蔽性。

**3. 食品安全危害的累积性**

食品安全的危害还带有一定的累积性。不安全食品（或达不到食品安全标准的食品）对人体的危害往往会经过较长时间的积累才能体现出来，比如食品中的农药、兽药等有害物质残留，只有在人体内积累到一定程度后才导致疾病的发生，并开始被人们察觉。而在未积累到足以导致疾病发生之前，人们往往难以及时察觉。

**4. 食品安全危害产生的多环节性**

食品的生产过程往往会经历多个环节，其中任何一个环节的不慎都可能对最终的食品安全产生影响乃至危害。食品原料的产地环境情况、生产过程的投入品状况、生产过程本身是否清洁和安全、加工流程是否科学合理、流通和运输环节是否能保持食品的质量和安全、在规定的保质期内是否能全部销售掉等。诸多的环节都会影响到食品安全的最终实现，其中任何一个环节的差错或疏失都可能引发食品安全问题。

**5. 食品安全监督和管理的复杂性**

由于食品生产周期长，食品产业链条长而且复杂多样，产业链条往往会有很大的区域跨度。比如，进口美国的玉米和豆粕，在中国饲养畜禽，屠宰加工后又将畜产品出口到日本和韩国。再比如，四川省的畜禽养殖农户饲养的生猪，屠宰后将冷冻猪肉卖给河南的肉食品加工企业，生产的火腿肠再卖给北京的零售业集团，最终被北京的消费者购买。这就使得对食品安全的监督和管理涉及的区域广、涉及的学科多、涉及的领域和部门也多，结果是对食品安全的监督和管理内容复杂、难度很大。

## 二、食品安全的主要影响因素

### （一）影响食品安全的直接因素

影响食品安全的直接因素主要是物理性污染因素、化学性污染因素和生物性污染因素。

**1. 物理性污染因素**

主要是指由物理性因素对食品安全产生的危害，比如，通过人工或机械混杂在食品中的杂质（比如，异物在食品中的掺杂和灰尘等不洁物在食品中的掺杂）等。

**2. 化学性污染因素**

主要是指在食品原料生产和食品加工过程中使用化学合成物质而对食品安全产生的危害，比如使用农药、兽药、各类添加剂等造成的在食品中的有害残留等。

**3. 生物性污染因素**

主要是指自然界中和加工过程中各类生物性污染源对食品安全产生的危害，比如致病性细菌带来的危害、病毒带来的危害以及某些毒素带来的危害等。

### （二）与食品安全相关的社会因素

**1. 消费者的食品安全意识在不断提高**

随着我国社会经济的不断发展，人们的收入水平也在不断地提高，人们在总体生活水平提高的同时，也会对食品的质量和安全提出更高的要求。随着我国城乡居民收入的增长和消费水平的提高，人们的健康意识和食品安全意识也在不断提高。这就引起了民众对我国目前食品安全状况的担忧，同时也对各级政府对食品质量和安全监督管理提出了新的要求。

**2. 我国社会经济发展水平不断提高**

食品的数量安全是保证人类生存的基本条件，但随着经济发展和社会进步，当食品数量安全得到基本保障之后，追求食品的质量安全也就成为必然。我国目前正处在食品的数量安全基本得到保障、人们转而开始追求食品的质量安全的新阶段。

发达国家农业和食品工业发展的历史轨迹证明，食品的质量和安全水平往往是随着社会经济发展水平的提高而不断得到提升的。中国的农业和食品工业已经经历了几十年追求数量增长的阶段（为了养活十几亿人口必须首先保障数量的充足），目前正处在稳定数量与保障质量和安全并重的新阶段，未来还会走向更加重视质量与安全的更高阶段。

总之，随着我国社会经济的不断发展，在稳定食品数量的基础上，人们会越来越关注食品的质量与安全问题，这就对我国的食品质量与安全监督管理提出了更高的要求。

**3. 食品检验与检测科学技术发展水平的提高**

食品质量与安全的检验与检测是一项十分复杂的工作，需要较高的检验与检测科学技术发展水平。要解决我国的食品质量与安全监督管理问题，还需要不断地推进多个学科和专业的科学技术发展水平。只有不断提高我国食品质量与安全检验与检测科学技术的发展水平，才能逐步建立起对我国食品质量与安全检测与监控的平台。

同时，随着现代科学技术的不断发展和人们对食品质量与安全关注程度的不断提高，在食品产业链的各个环节上，人们也会应用越来越多的新科学技术成果。比如，低毒农药的研制和使用，以防虫网取代使用杀虫剂，通过果实套袋来减少对果树喷施农药的次数，通过更好的动物保健措施来减少疫病的发生进而减少兽药的使用，通过灭菌技术和真空技术等措施减少加工食品中防腐剂等添加剂的用量等。这样，就可以从源头上更好地保障食品的质量与安全。

# 第二章

# 食品安全的危害、风险与控制

## 第一节　食品安全危害分析

### 一、食品安全危害概述

#### （一）关于食品安全危害

食品安全危害是指潜在损害或危及食品安全和质量的因素。这些因素包括生物因素、化学因素和物理因素等。它们可以通过多种方式存在于食品之中，一旦这些因素没有被控制或者没有被消除，该食品就会引发危害人体健康的结果。食品安全危害因素一般有以下几点特征。

（1）食品安全危害因素存在于"从农田到餐桌"的整个食品产业链中。伴随着食品工业化程度的提高，食品的产业链延长，再加之环境污染问题的日益严重，食品产业链的每个环节都存在危害因素，这就使控制食品安全危害难度加大。

（2）在食品产业链的不同环节，产生食品安全危害的主要因素和危害类型不同。比如，在种植业环节，可能产生危害的因素包括农药、土壤、化肥等；在养殖业环节，可能产生危害的因素包括兽药、激素、疫病、饲料等；在食品加工环节，产生食品安全危害的因素可能是食品添加剂、微生物、化学物质、物理因素等。

（3）食品安全问题的危害性表现程度和产生后果受到主观（人为的）和客观（非人为的）两重因素的作用。在主观层面，即是指人为故意导致的食品安全危害，其危害程度因人为因素而不同，可以是为了恶意获利而欺瞒或造假，也可以是个人为发泄不满而采取的报复行为，但其产生的社会影响是非常严重的。在客观层面，即是指生产经营中并非人为故意而产生的食品安全危害，也许是生产操作的疏失，也许是设备问题，也许是原料问题，也许是贮存问题等。

（4）食品安全危害对人体健康的影响种类不同，有些表现为身体的中毒反应（急性的、慢性的、长期潜在积累性的等），有些表现为经食品传染疾病（比如传染人畜共患病、食用毛蚶传染甲型肝炎等），有些表现为心理反应（对产品不再信任、对市场恐惧、对社会失望等）。

（5）食品安全危害可通过多种手段与措施加以控制或消除，并使其对人体健康的危害和对社会的影响程度降到最低。这些手段或措施包括社会责任的承担、诚信体系的建立、科学知识的普及、消费者保护意识的增强、良好操作规范的落实、食品安全检测水平的提高、政府监管的到位、法规法规的严惩等。

## （二）食品安全危害分类

食品安全危害一般可分为生物性危害、化学性危害和物理性危害三大类。这三大类可以侵袭到从"农田到餐桌"的整个食品产业链上的任何一个环节。生物性危害包括细菌、病毒、寄生虫以及霉菌及其毒素等；化学性危害主要种类有农药和兽药残留、工业污染物、重金属含量超标、自然毒素及某些激素等；物理性危害则包括食品中存在的某些放射性物质产生的辐射、碎骨、碎石、铁屑、木屑、头发、蟑螂等昆虫的残体、碎玻璃以及其他可见的异物等。

这三大类食品安全危害的来源如下：

（1）原辅材料污染。种植业中化肥、农药、植物激素的不当使用；养殖业中抗生素、动物激素、饲料添加剂等的不合理使用；水产品被水体重金属、赤潮等污染；食品加工使用的其他原料被污染等。

（2）食品生产加工过程污染。储藏和加工食品的容器、用具、管道、设备等未清洗干净或使用不当；食品生产工艺不科学；操作人员个人卫生不达标；食品加工环境卫生达标等。

（3）包装、储运、销售中的污染。食品包装材料不符合食品卫生要求；由于交通运输工具不洁而造成食品污染或运输温控不当而造成食品变质；食品贮存条件不卫生或温度控制不当造成食品污染或变质；散装食品及销售过程中造成食品污染等。

（4）人为的污染。在食品中人为的掺伪、掺假，或加入有害人体健康的其他物质；用工业原料作为食品加工原料来生产食品（比如，用工业"吊白块"来漂白食品等）；在饲料中加入违法成分（比如，在饲料中添加"瘦肉精"、抗生素、苏丹红等）等。

（5）食品意外污染。主要是指由于火灾、地震、水灾、核泄露等突发事件引起的食品污染问题。

## 二、生物性食品安全危害及控制

食品在种植、加工、包装、贮运、销售、烹饪的各个环节中，被外来的生物性有害物质混入、残留或产生新的生物有害物质，结果对人体健康产生的危害，人们称之为生物性食品安全危害。最常见的生物性食品安全危害，是由细菌与细菌毒素、霉菌与霉菌毒素、寄生虫及虫卵、昆虫和病毒所造成的危害。

### （一）细菌与细菌毒素

细菌与细菌毒素危害是指某些有害细菌在食品中存活时，可以通过活菌的摄入引起人体（通常是肠道）感染，或是细菌在食品中产生的细菌毒素导致人体中毒。活菌摄入人体引起的后果是食品感染，细菌毒素摄入人体引起的后果是食品中毒。

由于细菌是活的生命体，它需要营养、水、温度以及空气条件（需氧、厌氧或兼性），因此，通过控制这些因素，就能有效地抑制或杀灭致病菌，从而预防或消除细菌危害。比如，对食品控制一定温度并持续一定时间，就是常用的预防细菌与细菌毒素的措施，低温可抑制微生物生长，而高温可以杀灭大部分微生物。

根据细菌有无芽孢，可分成芽孢菌和非芽孢菌。芽孢是细菌在生命周期中处于休眠阶段的生命体，相对于其生长状态下营养细胞或其他非芽孢菌而言，对化学杀菌剂、高温或其他加工处理都具有极强的抵抗能力。处于休眠状态下的芽孢是没有危害的，但食品中残留的致病性芽孢菌的芽孢一旦在食品中萌芽生长，即会成为食品安全危害。因此，对此类食品的微生物控制必须是以杀灭芽孢为目标。

引起食品安全危害的细菌主要有以下类型：

**1. 肉毒梭菌**

其致病物质是一种大分子蛋白质神经毒素，具有强烈的神经麻痹活性。其所致的疾病主要有肉毒中毒和肠道感染肉毒中毒两种类型。肉毒梭菌的控制有两种主要途径，一是加热杀灭芽孢；二是改变条件（高温、干燥、酸性环境）抑制其产毒。

**2. 大肠杆菌**

大肠杆菌可随粪便排出而污染水源和土壤，受污染的水源、土壤及带菌者的手均可直接污染食品或通过食品容器再污染其他食品。人体摄入被污染的食品，易引起食物中毒，多发于夏季和秋季。其中肠出血性大肠杆菌（O157∶H7）被认为是近年来最严重的食源性病原菌之一，其宿主为牛、猪、羊、鸡等畜禽。大肠杆菌可存在于各类熟肉制品、蛋及蛋制品、生牛乳及乳制品、蔬菜、水果等中，中毒原因是食品未经彻底加热，或加工过程中造成的交叉污染。大肠杆菌引起的危害可以通过充分加热杀菌来控制；易被污染的食品应在 4℃ 以下冷藏；食品加工时应避免器械和人的交叉感染。

**3. 李斯特菌**

是一种人畜共患的病原菌，可通过粪便、饮水和进食而感染人和家畜，导致脑膜炎、败血症、心内膜炎、流产、早产、死胎及胎儿畸形等病症。李斯特菌存在于乳品及乳制品、肉类制品、水产品、蔬菜、水果中，其中在乳品及乳制品中最为常见。李斯特菌可通过蒸煮、巴氏杀菌、防止二次污染来控制。

**4. 沙门氏菌**

主要来源于污水、动物及人畜粪便，如未经彻底加热就食用了生前感染和宰后污染的牲畜肉类，就会使沙门氏菌随食物进入人体，这是沙门氏菌食物中毒的最主要渠道。沙门氏菌进入肠道后大量繁殖，除了使肠黏膜发炎外，大量活菌释放的毒素可同时引起机体中毒。沙门氏菌可以通过充分加热来杀灭；将食品贮存于 4℃ 以下可防止其生长。

**5. 葡萄球菌**

在空气、尘埃、饮用水、食品、污水及粪便中均可检出，一旦污染食品就能大量增殖，可经口腔、呼吸道、密切接触等途径传播。绝大多数葡萄球菌对人不致病，少数可引起人或动物化脓性感染，属于人畜共患病原菌。产肠毒素的金黄色葡萄球菌污染食品可产生肠毒素，并引起食物中毒。对于葡萄球菌的预防和控制，可通过减少食品暴露在其适宜生长温度下的时间来控制，另外，还要求食品加工操作人员保持良好的个人卫生等。

**6. 副溶血性弧菌**

大多数致病性副溶血性弧菌可产生一种耐热的溶血素，能使人或家兔的红细胞发生溶血。副溶血性弧菌在沿海地区分布较广，是引起食物中毒的重要病原菌。其繁殖受气候、温度影响，以 7 月海产品中带菌率最高，食物中毒主要发生于夏秋季。副溶血性弧菌易污染的食品主要是海产品或盐腌渍品，比如蟹类、乌贼、墨鱼、带鱼、黄鱼、海虾、海蜇、梭子蟹、章鱼、黄泥螺、毛蛤、腌肉、咸菜、蛋品、蔬菜等，而且多是因为食品容器或砧板污染所引起。预防其食物中毒主要应采取防止污染、控制繁殖和杀灭病原菌等措施。

**7. 产气荚膜梭菌**

在自然界的土壤、水和空气中广泛存在，人和动物的肠道是其重要的寄居场所，但不引起肠道感染，经口腔食入污染食品是其主要传染途径，也可由伤口感染致病。产气荚膜梭菌的致病物质为外毒素、肠毒素和荚膜。摄入被该菌污染的食品（主要是肉类）后，由于大量芽孢末被加热完全杀死，食品在贮存期间芽孢被热激活而发芽、生长、繁殖，产生大量肠毒素，从而引起食物中毒。

### 8. 霍乱弧菌

在港湾、海湾和含盐的水中天然存在，在温暖的海水环境中大量繁殖。霍乱弧菌有很多种类，O1 型发病时先引起腹部不适和轻度腹泻，继发水性腹泻、腹部痉挛、呕吐和脱水，也可发生死亡。霍乱弧菌 O1 型污染曾在牡蛎、蟹和虾产品中发现过。另一种是非 O1 型，能引起腹泻、腹部痉挛、发烧、恶心、呕吐和血性腹泻。已经发现的非 O1 型可以导致免疫缺陷的人患败血症。该菌引起疾病的原因与食用生食有关，可通过充分加热食品和防止加热后的食品受到交叉污染来进行预防。

### 9. 空肠弯曲杆菌

广泛分布于畜禽、温血家养动物的肠道内，是人类腹泻的主要原因。症状包括腹泻、便血、腹痛、头痛、虚弱和发烧。空肠弯曲杆菌可通过被污染的食品，包括生的蛤、贻贝和牡蛎传播，也可以通过人之间接触和污染的水源传播。与不清洁的食品接触可以交叉污染。空肠弯曲杆菌引起的危害可通过彻底加热食品来防止，食品加工中要严格对人手和设备清洗、消毒，并严格按照食品加工卫生规范来操作。

## （二）病毒

引起食源性疾病的病毒主要有甲型肝炎病毒、戊型肝炎病毒、轮状病毒、诺瓦克样病毒、朊病毒和口蹄疫病毒，其次有脊髓灰质炎病毒、柯萨奇病毒、埃可病毒及新型肠道病毒等。

过去由于受检测技术的限制，人们对病毒污染食品所造成的食源性疾病不甚了解。但是近年来，随着流行病学的发展和检测技术水平的提高，人们对病毒引起的生物性食品安全危害重视程度提高了。

## 1. 甲型肝炎病毒

是由甲型肝炎病毒携带者通过"人—口—粪"途径传播的急性传染病，发病率高，传染性强，全球每年发病人数约为 140 万。甲型肝炎病毒随患者粪便排出体外，可以污染到水源、食物（比如海产品、毛蚶、牡蛎等）、日常生活用品等。在被污染的废水、海水和食品中，甲型肝炎病毒可存活数月或更久。甲型肝炎属肠道传染病，可以通过搞好个人卫生、对食品进行彻底杀菌等方式来预防和控制。

## 2. 戊型肝炎病毒

是由戊型肝炎病毒引起的一种严重的新发胃肠道传染病，发达国家主要由旅游途径输入，在发展中国家曾有过暴发流行。近年来国内外对动物戊型肝炎病毒感染进行了深入研究，先后从猪、牛、羊、犬、鼠和鸡等动物中检测到戊型肝炎病毒 RNA，证明这些动物可能是戊型肝炎病毒的宿主。戊型肝炎病毒主要经污染的水源传播。1986—1988 年，我国新疆南部地区曾发生过迄今为止世界上最大的一次戊型肝炎水型流行，共计发病 119 280 例，死亡 707 例。戊型肝炎发病急，半数病人伴有发热、黄疸，但其为急性自限性疾病，不会发展成慢性肝炎，一般于发病 6 周内恢复正常。

## 3. 朊病毒

朊病毒的本质目前科学界尚未完全了解，最被认可的理论是美国科学家 Prusiner 提出的超出经典病毒学的概念，即由一种叫做"prion"的正常细胞蛋白发生了结构变异而造成。"prion"翻译为朊病毒，是不被大多数修饰核酸的方法灭活的蛋白感染颗粒，称为朊毒体蛋白，该蛋白可分为正常型（PrPC）和致病型（PrPSC），与引起大脑病变的病原体相关。朊病毒能够引起 20 多种人畜共患疾病。朊毒体蛋白对所有杀灭病毒的物理化学方法均有抵抗力，能够杀灭感染性细菌和病毒的所有一般性措施都不能有效地将它灭活，只有在 136℃、2 小时的高压下才能灭活。该病毒潜伏期长，从感染到发病平均 28 年。

## 4. 口蹄疫病毒

口蹄疫是由一种由口蹄疫病毒引起的人畜共患的、急性、发热性、高度接触性传染病。口蹄疫病毒是其病原体。口蹄疫病毒主要感染对象是偶蹄类动物，家畜中最易感的是黄牛，其次是牦牛、犏牛、水牛和猪，而骆驼、绵羊、山羊次之。人类感染口蹄疫主要传染源是患病的牛、羊、猪等家畜，既可以通过消化道，也可以通过创伤皮肤，甚至还可能通过呼吸道感染，患口蹄疫的病人也可以成为传染别人的传染源。口蹄疫会使猪、牛、羊等动物发高烧且使裂开蹄处产生水泡，该疾病会使动物致命，但不会危及人类生命。人主要是因饮用病畜乳、挤奶、处理病畜等途径发生接触感染。

## （三）寄生虫

食品在环境中有可能被寄生虫和寄生虫卵污染，比如，水果、蔬菜就可以被钩虫及其虫卵污染，食用之后就可引起钩虫在人体内寄生。猪、牛、羊等家畜有时会寄生有绦虫，人食用了带有绦虫包囊的肉，就可感染上绦虫病。某些水产品是肝吸虫等寄生虫的中间宿主，人食用这些带有寄生虫的水产品也可造成食源性寄生虫病。食源性寄生虫病，是由人体摄入含有寄生虫幼虫或虫卵的生的或未经彻底加热的食品而引起的一类疾病，会引起严重的食品安全危害。

### 1. 隐孢子虫

能引起以腹泻，其原因是一种人兽共患性隐孢子虫病的病原体，可感染大多数脊椎动物（包括人类），严重时可致人死亡。隐孢子虫病已被列入世界最常见的 6 种腹泻病之一。具有传染性的隐孢子虫卵囊对外界的抵抗力较强，常规消毒剂不能将其杀死，但 10％甲醛、5％氨水或加热至 65～70℃30 分钟即可将卵囊杀死。隐孢子虫的宿主范围很广，除人体外，还有牛、马、羊、猪、猫、鹿、猴、兔、鼠、鸡等动物。隐孢子虫卵囊也可通过病人与病畜的粪便污染食品和饮水。人食入生的或未煮熟的病畜禽肉，就可能被隐孢子虫感染而致病。

### 2. 圆孢子虫

是一种新发现的食源性人体寄生虫病，圆孢子虫病的病原体引起胃肠炎和慢性腹泻。迄今为止，我国未出现此病的大规模暴发，但已有 16 例圆孢子虫感染的病例。圆孢子虫主要是通过食用被成熟的圆孢子虫卵囊污染的食物和水而导致人体感染，接触脏物、宠物、家畜也是造成感染的原因。防止食品被粪便污染和避免吃生冷食品是预防食源性圆孢子虫病的有效措施之一。目前已知的食源性感染中，与圆孢子虫相联系的食品有新鲜的树莓、草莓、莴苣、罗勒等，也有学者认为未煮熟的肉类可能也是感染来源。

**3. 华支睾吸虫病**

简称肝吸虫，能引起人畜共患肝吸虫病。华支睾吸虫主要分布在中国、日本、朝鲜、越南和东南亚等亚洲国家。我国除青海、宁夏、西藏、内蒙古外，已有 25 个省、市、自治区不同程度流行肝吸虫病。因该病属于人畜共患疾病，估计动物感染的范围更广。华支睾吸虫病可在野生动物间自然传播，人因偶然介入而感染，因此也属自然疫源性疾病。在大多数疫区人、畜、兽 3 种传染源并存。其主要危害还在于导致肝脏受损及一定程度的肝功能障碍，引发急性或慢性胆囊炎、慢性胆管炎、黄疸、胆结石、肝胆管梗阻等。

**4. 猪、牛带绦虫**

猪、牛带绦虫的成虫寄生在人的小肠，引起绦虫病；幼虫寄生在人的皮下、肌肉、脑、眼等组织中，引起囊虫病。猪、牛带绦虫病和囊虫病在我国 27 个省、市、自治区均有病例报道，并在一定地区形成地方性流行。人感染途径主要是食入生的或半熟的含有囊尾蚴的猪肉或牛肉。在我国猪肉感染比较严重，含大量囊尾蚴的猪肉俗称"米猪肉"。猪、牛带绦虫也可通过污染厨具而导致食品污染，比如，生熟菜用同一砧板，从生肉脱落的囊尾蚴就会污染熟食，或因使用同一把菜刀，切生肉后再切熟食而感染。

**5. 钩虫**

钩虫感染引起的贫血是一些非洲和亚洲国家的主要公共卫生问题，也是我国农村居民常易感染的肠道寄生虫之一，可引起严重贫血、异嗜症及消化道症状。我国除青海、黑龙江、吉林三省外，其他省、市、自治区均有钩虫病流行。钩虫病患者和带虫者是钩虫的主要传染源。作物会由于浇灌粪水而被感染钩虫，红薯、玉米、蔬菜、桑、果、甘蔗和茶叶等都可能被感染。人食用了这些被钩虫污染的食品，就会得钩虫病。

### (四) 霉菌及其毒素

霉菌广泛存在于自然界，大多数对人体有益无害，但有的霉菌却是有害的。某些霉菌的产毒菌株污染食品后，会产生有毒的代谢产物，即霉菌毒素。食品受霉菌和霉菌毒素的污染非常普遍，当人类进食被霉菌毒素污染的食品后，人的健康就会受到损害。霉菌毒素是结构复杂的化合物，由于其种类、剂量的不同，对人体的危害也是多种多样，有些表现为急性中毒，有些表现为肝脏中毒、肾脏中毒、神经中毒等。

#### 1. 黄曲霉毒素

是由黄曲霉和寄生曲霉中产毒菌株所产生的有毒代谢产物。黄曲霉毒素中毒是人畜共患疾病之一，在 20 世纪 50 年代曾造成英国 10 万只火鸡死亡。该毒素主要诱发鱼类、禽类、猴及家畜等多种动物实验型肝癌。黄曲霉毒素主要污染粮、油及制品，常在作物收获前后、储藏、运输期间或加工过程中产生。其中污染最严重的是棉籽、花生、玉米及其制品；其次是稻米、小麦、大麦、高粱、芝麻等。黄曲霉毒素偶尔也能在牛奶、奶酪、香料中发现。用黄曲霉毒素污染的玉米和棉籽作奶牛的饲料，会导致牛奶被污染。鸡蛋和肉类中有时也会因动物食用含黄曲霉毒素的饲料而被污染。食品加工有利于降低食品中黄曲霉毒素的污染，特别在碱性条件下加工或加工工艺中有氧化处理措施等，都有利于黄曲霉毒素的降解。

#### 2. 伏马菌素

是 20 世纪 80 年代末在南非发现的一种由串珠镰刀菌产生的一类霉菌毒素，主要污染粮食及其制品，特别是玉米及其制品。伏马菌素可以引起动物急、慢性中毒，对肝、肾、肺和神经系统均有毒性，对实验动物具有明显的致癌性，是目前国际最广泛关注的一种真菌毒素。伏马菌素可以污染多种粮食及其制品，食用被伏马菌素污染的食品，可能引起人急性中毒和慢性毒性，并具有种属特异性和器官特异性。

### 3. 赭曲霉毒素 A

是曲霉属和青霉属的一些菌种产生的一组结构类似、主要危害人和动物肾脏的有毒代谢产物，分为 A、B、C、D 四种化合物，其中赭曲霉毒素 A（OA）分布最广、产毒量最高、毒性最大、对农作物污染最重，是一种强力的肝脏毒素和肾脏毒素，并有致畸、致突变和致癌作用。世界各国均有从粮食中检出 OA 的报道，OA主要是污染热带和亚热带地区在田间或储存过程中的农作物。多种农作物和食品均可被 OA 污染，包括粮谷类、罐头食品、豆制品、调味料、油、葡萄及葡萄酒、啤酒、咖啡、可可和巧克力、中草药、橄榄、干果、茶叶等。

### 4. 展青霉素

是青霉素、曲霉素等菌种代谢产生的有毒真菌毒素，它是一种神经毒物，且具有致畸性和致癌性。展青霉素主要存在于霉烂苹果和苹果汁中，以及变质的梨、谷物、面粉、麦芽饲料中。在酸性环境中展青霉素非常稳定，加热也不被破坏；在果酒和果醋中，没有发现展青霉素，因为在发酵过程中它会被破坏，热处理能适当降低展青霉素含量。

## 三、化学性食品安全危害及控制

化学物质引起的食品安全危害来源主要分为三大类：农药引起的化学性危害、工业引起的化学性危害和天然有毒有害物质引起的化学性危害。

### （一）农药引起的化学性食品安全危害

作物种植、畜禽养殖的源头污染与食品安全有着密切的关系，特别是农药、兽药的滥用，所造成农兽药残留问题日益突出。近年来由此引起的食物中毒死亡事件居高不下，严重威胁着人类健康。

农兽药在为人类种植业、畜牧业实现稳产高产中做出贡献的同时，其污染也成为人类生存环境中重要的公害之一。除化肥之外，凡是用来提高和保护农业、林业、畜牧业、渔业生产及环境卫生的化学品，一般都统称为"农药"。农药在使用后，会在农作物、土壤、水体、食品中残存，由农药的衍生物、代谢物、降解物等也会残存在农作物、土壤、水体、食品中，这些都统称为"农药残留"。

**1. 农药污染食品的途径**

喷洒农药会直接污染农作物，粮库、食品贮存库使用的熏蒸剂氯化苦等也有一定的毒性。农作物生长时会从污染的环境中吸收某些有毒物质，比如喷洒农药的废水、残留在土壤中的农药残留物等，通过气流扩散到大气层中农药也会被作物吸收，等等。

通过食物链污染是农药对某些食品产生污染的一种方式，具有蓄积毒性的农药，都以这种方式使食品中农药残留量增高的。比如，有机氯等化学物质能长期残留于土壤和生物体内，再通过食品摄入进人体，并聚集于脂肪组织和母乳中，从而危害人类的健康。据研究，人类体内的农药残留90％是通过食品摄入人体的，另外10％则是通过呼吸（农药污染的空气）和饮水（农药污染的水源）摄入人体。

**2. 农药污染食品对人体产生的危害**

化学农药对人体的危害，除了高毒农药造成人急性中毒之外，长期食用低毒性农药污染过的食品，通过生物富集、食品残留这些途径，可造成严重的潜在健康危害。比如，引发癌症、致畸和致突变等。

农药施用后，即进入环境，因其在环境中的代谢途径和代谢物不同，在环境中的特定残留部位及其结构、理化性质也不同，对食品安全的危害也各有差异。

（1）有机氯农药。有机氯农药以DDT、HCH（六六六）为代表，是我国最早大规模使用的农药。直到1983年我国才开始禁止生产。虽然在我国有机氯农药已经被禁止使用了几十年，但至今食品中仍然能检测出有机氯农药残留，且平均值远高于其他发达国家。由于有机氯农药性质很稳定，不易降解，具有高脂溶性，因而其影响至今仍然没有消除。

已经被 DDT、HCH（六六六）污染或残留量超过国家标准的粮食或其他食品，一定要经过去壳处理或加热处理以后才能食用。比如，水果去皮后，HCH 可减少 50%～100%，DDT 除去率达 100%；小麦加工成面粉后，HCH 和 DDT 残留量分别会减少 50% 左右；食品中残留量高的或含脂肪量高的食品，经加热处理后，去除效果较明显。

（2）有机磷农药。1938 年德国科学家发现有机磷有强大的杀虫效果，由此有机磷农药开始使用于农业。有机磷农药多为广谱、高效、低残留的杀虫剂，比如乐果、敌百虫、杀螟松、倍硫磷等。毒性极低的有马拉硫磷、双硫磷、氯硫磷、锌硫磷、碘硫磷、地亚农、灭乐松等。高效高毒的品种有对硫磷、内吸磷、甲拌磷等。

有机磷农药除敌百虫外，多为油状液体，微溶于水，易溶于有机溶剂或动植物油中，对光、热和氧较稳定，遇碱易分解，降解半衰期一般在几周至几个月。有机磷杀虫剂可经呼吸道、皮肤、黏膜及消化道侵入人体，其中以肝脏含量最高，其次为肾、肺、脾。在肌体内，其氧化代谢产物毒性增强（活化作用），水解代谢产物毒性减低（解毒作用），主要随尿排出，无明显物质蓄积。

自 2007 年，我国全面禁止甲胺磷等 5 种高毒有机磷农药在农业上使用。2009 年，又禁止使用 23 种高毒农药，并禁止和限制其在蔬菜、果树、茶叶、中草药材栽培中的使用。但我国有机磷农药的实际使用情况并不乐观。2010 年，先后出现了海南"毒豇豆"、福建"毒乌龙"事件，其原因都是使用高毒农药。近年来，广西、云南、湖北和山东出现的蔬菜农药残留超标事件也与使用高毒农药有关。

（3）氨基甲酸酯类农药。氨基甲酸酯类农药多为杀虫剂，易分解，对人畜毒性较有机磷低。氨基甲酸酯类是一种抑制胆碱酯酶活性的神经毒剂，多数属中等毒性，无需经体内代谢活化，可直接与胆碱酯酶形成氨基甲酰化胆碱酯酶复合体，使胆碱酯酶失去水解乙酰胆碱的能力。但水解后可复原成具有活性的酯酶和氨基甲酸酯，因此，是一种可逆性的抑制剂。

氨基甲酸酯类农药在人体内分解和代谢的速度快，急性中毒可见流涎、流泪、颤动、瞳孔缩小等胆碱酯酶抑制症状。在低剂量轻度中毒时，可表现为一时性的麻醉作用，大剂量中毒时可表现深度麻痹，并有严重的呼吸困难。

（4）有机汞、有机砷杀菌剂。有机汞、有机砷农药对高等动物均具有剧毒，且在土壤中残留的时间长，半衰期可达 10～30 年，是污染环境、造成食品安全危害的主要农药。

农业上常用的有机汞农药有西力生（氯比乙基汞）、赛力散（醋酸苯汞）、富民隆（磺胺汞）和谷仁乐生（磷酸乙基汞），是防治稻瘟病及麦类赤霉病的有效杀菌剂。通过拌种杀菌，植物内的吸收量很少，而通过喷洒杀菌时，植物有明显的内吸传导作用。

有机汞进入土壤后，逐渐被分解为无机汞，可保留多年，还能被土壤微生物作用转化为甲基汞再次被植物吸收，重新污染农作物，再通过饲料进入动物体内。有机汞对人的毒性，主要是侵犯神经系统和肝脏，不仅能引起急性中毒，而且可在人体内长期蓄积不能排出，从而形成慢性中毒。

## （二）工业污染导致的化学性食品安全危害

随着化学工业的迅速发展，有毒物质品种不断增加。一些有毒的金属、非金属及其化合物，通过工业废水、废气、废渣，以及食品加工过程中的添加剂、食品加工机械和管道、食品包装用塑料、纸张和容器等污染食品，从而形成化学性食品安全危害。

### 1. 工业化学性有害物质对食品安全的危害

工业废水、废渣不经处理或处理不彻底，直接排入或随雨水排入江、河、湖、海，水生生物通过食物链使有害物质在体内逐级浓缩，从而造成食品严重污染。采用工业污水灌溉，往往因污水或污泥中有害物质含量较高，浇灌后使土壤中重金属含量增多，作物可通过根部将其吸收并浓缩于籽实中。

利用被污染的谷物、水产品、牧草等作饲料，饲喂畜禽后，重者可引起畜禽中毒死亡，轻者可使畜禽的奶、蛋及其肉遭受污染。人们摄食后，这些有害物质又会随食物转移利人的体内。

为改善食品品质和色、香、味，以及防腐和加工工艺的需要而加入食品中的食品添加剂，必须严格控制使用范围和使用量。不得以掩盖食品腐败变质或伪造、掺假为目的而使用食品添加剂，不得使用污染或变质的食品添加剂，否则就会对食品造成污染。

食品包装材料包括纸张、塑料、铝箔、马口铁、化纤、陶瓷、搪瓷、铝制品等，都含有有害金属，在一定条件下也可成为食品的污染源。纸张在印刷时所用的油墨、颜料含有较多的铅，有的糖果包装纸含铅量高达 16 500 毫克/千克。餐具容器如陶瓷、搪瓷、铝制品等也含有的铅、砷、镉、锌、锑等，同样存在使用时金属元素溶出问题。罐头由镀锡铁皮制成，当内层涂料不良时，由于内容物对内壁和焊接处的腐蚀作用，会使铅、锡等有害金属溶入食品中，形成食品污染。

食品在生产加工过程中，会接触机械设备和各种管道，比如分解反应锅、白铁管、塑料管、橡胶管等，这些都可能在一定条件下溶出一部分有害金属进入食品。比如，有的酒厂生产蒸馏酒采用铅合金冷凝器，结果每千克酒中含铅量可高达数十毫克。

由于运输工具不清洁而造成食品污染也较为常见。有些车、船装运过农药、化肥、矿石以及其他化工原料后，不加清洗和消毒就装载食品，致使污染物散落在食品上，造成食品污染。

**2. 重金属污染物的食品安全危害**

含有重金属的工业"三废"排入大气或水体，均可直接或间接污染食品。而污染水体或土壤中的重金属可通过生物富集作用，使重金属在食品中的含量显著增加，并通过食物链对人体造成更大的危害。

（1）汞。又称水银，银白色液态金属，常温下即能蒸发。在厌氧和需氧微生物作用下，汞可转化为甲基汞，溶入水中迅速扩散，其毒性较高。汞可以污染水稻、小麦、玉米、高粱、蔬菜、乳类、蛋类、畜禽肉等，这与植物根吸收土壤中的汞及含汞农药喷洒后表面吸附有关。粮食一旦被汞污染后，无论通过碾磨加工或采用不同的烹调方法处理，均不易把汞去掉。受环境中的汞污染影响，水产品（鱼、虾、贝类等）中汞含量较高。

（2）镉。是一种微蓝色的银白金属，易溶于稀硝酸、热硫酸和氢氧化铵。在工业上用途广泛，各种含镉工业"三废"排放后，通过多种途径最终污染水体。水中的镉经生物富集作用由食物链转移至人体内，并引起中毒。植物性食品含镉量较少，大多数低于0.05毫克/千克，动物性食品含镉量略高一些，内脏含镉量明显比肌肉高。镉主要是通过消化道和呼吸道进入人体，由血液带到各个脏器中，最后蓄积在肾脏和肝脏中。镉在体内生物半衰期很长，约16～31年，故慢性毒性明显。

（3）铅。是一种柔软略带灰白色的重金属。铅及其化合物在工农业生产中应用广泛，如蓄电池、颜料、汽油防爆剂、塑料稳定剂、杀虫剂、陶瓷等都含有铅。餐具、容器、食品包装材料中的铅会对食品产生污染。比如，用内壁有花饰的陶瓷或搪瓷容器盛放酸性食物，就易造成铅污染；罐头食品因马口铁和焊锡含有铅，当涂料脱落时，铅易于溶入食品中。印刷食品包装材料用的油墨、颜料等也含有铅，在一定条件下，也可成为污染食品的来源。另外，加工松花蛋时，要放黄丹粉（即氧化铅），铅会透过蛋壳迁移到蛋品中，如果加入量过多，蛋品的含铅量就高。

（4）铬。是一种铜灰色、有光泽、质坚、耐腐蚀的金属。铬是植物体内不可缺少的元素，小量铬可以刺激植物增产，但含铬量过高，就可以危害植物生长。自然界的水、土壤、植物、动物中都含有铬。食品中铬也可由于与含铬器皿接触而增加，特别是酸性食物与金属容器接触，该容器所含微量铬可被释放出来，从而提高食品的含铬量。经口腔进入人体内的铬主要分布在肝、肾、脾和骨骼内。铬盐在血液内可形成氧化铬，使血红蛋白变为高铁血红蛋白，因而使红细胞携氧的能力发生障碍，血氧含量减少，从而引发窒息。

**3. 非金属污染物及其化合物的污染**

（1）砷。元素砷有三种同分异构体，其中的灰色结晶体具有金属特性。砷不溶于水，溶于有机硝酸及王水。砷的蒸气在空气中表面很快会氧化，在自然界中主要以砷化物的形式存在，在工业和医药上用途很广。最常见的是三氧化二砷，俗称砒霜，为无臭无味的白色粉末，常与亚砷酸钠等用于农业杀虫剂。砷可通过饮水、食物经消化道吸收并分布到全身，最后蓄积在肝、肺、肾、脾、皮肤、指甲及毛发内。不同剂量的砷对人表现出急性中毒、慢性中毒和一定的致癌作用。

（2）氟。氟主要以其化合物的形式广泛存在于自然界。一般食品中含有微量的氟，非污染区粮食中含氟量一般低于 1 毫克/千克，蔬菜、水果中含量低于 0.5 毫克/千克，动物性食品的含氟量略高于植物性食品。造成氟污染食品的主要原因是工业废水、废气、废渣。工业"三废"中的氟化物降落到地面、农作物和牧草上，首先被植物吸收，进而被禽畜食后进入食物链，再通过食品进入人体。人体需要一定量的氟，但过量就会危害人体健康。

### （三）天然有毒有害物质形成的食品安全危害

天然有毒有害物质，是指自然界中动植物本身含有某种天然有毒成分，或由于贮存不当而产生的某种有毒有害物质。有毒的动植物种类很多，所含有的有毒成分十分复杂，人类食用后可造成不同程度的食物中毒。

**1. 食品中的 N-亚硝基化合物**

N-亚硝基化合物是强致癌物，主要导致食道癌、肝癌、鼻咽癌、膀胱癌等。食物中 N-亚硝基化合物天然含量极微，但亚硝基化合物的前体物质却广泛存在于自然界，包括动植物、水、土壤中，它们通过食物链可在人体形成 N-亚硝基化合物。腌制食品在腌制过程中可产生亚硝基化合物。N-亚硝基化合物可通过呼吸道、消化道和皮肤接触诱发动物肿瘤。

**2. 食品中二恶英及其类似物**

二恶英是一类氯代含氧三环芳烃类化合物。这类化合物的化学特性相似，均为固体，沸点与熔点较高，具有亲脂性而不溶于水。

人体接触二恶英的途径包括直接通过吸入空气、污染的土壤以及食物链等。二恶英对人体所造成的危害 90% 是由于膳食摄入而造成的。二恶英易存在于动物的脂肪和乳汁中，畜禽及蛋、乳、肉和鱼类是最容易被污染的食品。由于大气的流动，在飘尘中的二恶英沉降至土壤中、植物上，会污染蔬菜、粮食与饲料，动物食用污染的饲料后也能造成二恶英在体内的蓄积。

### 3. 食品中的苯并芘

多环芳烃类化合物是指两个以上的苯环连在一起的化合物，是最早发现且数量最多的致癌物。苯并芘在环境中分布广泛，人能够通过大气、水、食品、吸烟等摄入体内。正常情况下，食品中的含量甚微。熏制食品与烟直接接触，使食品中苯并芘含量比熏前有明显增加。食品中的熏制品、烘烤制品、海藻类、野菜类、人造黄油、烧鱼、烧鸡等均可能被苯并芘污染。烟熏也导致了部分肉制品中有较高的苯并芘。苯并芘可以引起机体免疫抑制反应，表现为血清免疫学指标改变。

### 4. 河豚毒素

河豚毒素是河豚的有毒成分，一般把河豚毒素分为河豚卵巢毒、河豚酸、河豚肝脏毒等，是毒性极强的非蛋白类毒素。河豚的肝、脾、肾、卵巢、卵子、睾丸、皮肤以及血液、眼球等都含有河豚毒素，其中以卵巢最毒，肝脏次之。河豚毒素是一种神经毒，对人体的毒性主要是阻断了神经兴奋传导，使末梢神经和中枢神经发生麻痹。预防河豚中毒最有效的方法是将河豚集中加工处理，新鲜河豚应先去除头、充分放血，去除内脏、皮肤，肌肉经反复冲洗才可食用。

### 5. 含固有自然毒素的植物

将天然含有有毒成分的植物（如毒芹、蓖麻子）或其加工制品当做食品（如桐油、大麻油等），在加工过程中如果未能破坏或除去其有毒成分就会产生食物中毒。在一定条件下，植物可产生大量的有毒成分，比如发芽马铃薯、新鲜的黄菜花等，它们一旦被人误食就会导致食源性植物中毒。植物中含有的有毒物质是多种多样的，毒性强弱也不一样，有的在加工和烹调过程中可以除去或破坏，有的则恰恰相反。根据植物中所含有毒物质的性质，可将植物性食物安全危害分为：含生物碱类植物中毒、含毒苷类植物中毒、含毒性蛋白类植物中毒、其他有毒植物中毒等

## 四、物理性食品安全危害及控制

### （一）食品中的物理性危害及其种类

物理性食品安全危害，包括任何在食品中发现的不正常的、有潜在危害的外来物。比如，由于食品与金属的接触，而可能使金属碎片碎屑进入食品中。此类碎片碎屑会对消费者构成直接危害。当消费者误食了外来的材料或物体，可能引起窒息、伤害或产生其他有害健康的问题。物理性危害是消费者经常投诉的食品安全问题。

引起食品安全物理危害的主要材料包括：①玻璃、罐、灯罩、温度计、仪表表盘等；②石块、装饰材料、建筑材料等；③塑料、包装材料等；④珠宝、首饰、纽扣等；⑤放射性物质、食品超剂量辐照等；⑥其他外来物质。

### （二）食品安全中物理性危害的预防

在加工食品时，可通过视觉方法检查是否有异物进入食品中，可以用金属探测器探查，也可以通过瓶底及瓶体扫描仪检查，还可以使用 X 光照射仪器等方法进行食品原料中物理性危害物质的检查。

但更重要的是应该在食品加工过程中建立完善的食品安全保障体系，增强人的责任心。首先，建立完善的设施设备定检、巡检制度；其次，对于拆除的包装、处理食物和包装食物的地点要分隔清楚；第三，加工过程中操作间光线充足，以便察觉是否有异物混入；第四，员工着装要合乎标准，工作时严禁佩戴饰品和不必要的物品进入操作间；第五，鼓励员工在工作中发现问题及时报告，以便及时采取补救措施。

# 第二节　食品安全风险分析

## 一、食品安全风险分析概述

科学、合理、全面地分析和评价食品的安全性，并制定有效食品质量安全管理措施，降低食品安全风险，这是保障食品安全的重要手段。食品安全风险分析可以为食品安全监管者提供制定有效决策的信息和依据，能提高国家食品安全管理水平。

### (一) 食品安全风险分析的框架

食品安全风险分析包括三大要素，即基于科学的食品安全风险评估、基于政策的食品安全风险管理和食品安全风险交流。食品安全风险分析三要素之间的关系如图 2-1 所示。

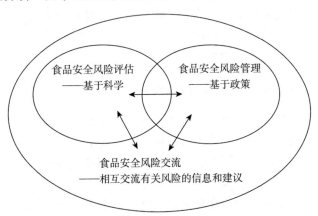

图 2-1　食品安全风险分析三要素的关系

### (二) 食品安全风险分析的内容

#### 1. 食品安全风险评估

食品安全风险评估就是系统地组织收集相关信息，预测产生风险的可能性，分析其可能产生的危害程度。进行食品安全评估就要对相关信息进行评价，并选择模型进行分析。基于科学的食品安全风险评估是食品安全风险分析的核心和基础。其内容包括危害识别（Hazard Identification）、危害描述（Hazard Characterization）、暴露评估（Exposure Assessment）和风险描述（Risk Characterization）四个步骤。

**2. 食品安全风险管理**

食品安全风险管理有别于食品安全风险评估，这是一个权衡选择政策的过程，需要考虑风险评估的结果、与保护消费者健康相关的因素、与促进公平交易相关的其他因素、必要时应选择采取的控制措施（包括取缔手段等）。实际上，食品安全风险管理就是确定在选取最优风险管理措施时，如何对经济因素、社会因素、文化因素、法律因素等进行整合和权衡。

**3. 食品安全风险信息交流**

食品安全风险信息交流是贯穿于食品安全风险分析整个过程的信息和观点的相互交流的过程。交流的内容可以是危害与风险，或与风险有关的因素、对风险的理解、对风险评估结果的解释、风险管理决策的制定等。交流的对象包括风险评估者、风险管理者、消费者、经营企业、学术组织以及其他相关团体。

## 二、食品安全风险评估

食品安全风险评估的过程可以分为 4 个不同的阶段：危害识别、危害描述、风险源评估和风险描述。危害识别阶段一般采用定性方法，其余三阶段可以采用定性方法，也可以采用定量方法。

相对于微生物危害而言，食品安全的化学物质危害更容易评估。由于微生物是活体，处于动态变化之中，进入食品产业链后受到诸多因素的影响，微生物病原菌可以繁殖，也可以死亡，有时很难判断其变化趋势。因此对微生物危害难以做出数量分析。而化学物质危害进入食品产业链后发生变化较小，因此容易做出数量和程度的分析。以下就以化学物质危害为例来阐述如何进行食品安全风险评估。

## （一）危害识别

危害识别就是对可能在食品中存在的，能够对健康产生影响的生物、化学和物理的致病因子进行确定和鉴定。危害识别的目的在于确定人体摄入污染物的潜在不良反应，并对这种不良反应进行分类和分级。对于化学因素可采取流行病学研究、动物试验、体外试验、结构-活性关系分析等方法进行致病因子鉴定，也可以采用已证实的科学结论来作为判断危害程度的依据。

## （二）危害描述

危害描述又称为危害特征描述，是指使用定量分析和定性分析的方法，评价由危害产生的对健康影响的性质。危害描述一般是由毒理学试验获得数据外推到人，计算人体每日允许摄入量。由于食品添加剂、农药、兽药等污染物在食品中的含量都是以百万分之几来计量的，因此，人体健康风险评估一般都是基于动物实验的毒理资料。

对于化学性致病因素要进行剂量-反应评估，对于生物因素或物理因素在可以获得资料的前提下，也可以进行剂量-反应评估。危害描述的重点在于对于这些不良反应的定量表述，其核心是对剂量-反应关系的评估。其主要内容是描述产生不良影响的严重程度和持久程度。

在危害描述过程中，一定要明确被感染的主体，要并尽可能推测出感染的结果。危害描述一般应包括不良影响的剂量-反应评估、易感人群的鉴定以及其与普通人群的对比，还要分析不良影响的作用模式或机制，以及在不同物种间的作用判断。

## （三）暴露评估

暴露评估又称为摄入量评估，主要是根据膳食调查和各种食品中化学物质暴露水平调查的数据进行的。通过计算，可以得到人体对于这种化学物质的暴露量。对于食品添加剂、农药和兽药残留以及污染物等危害物质暴露评估的目的在于求得某种危害物的暴露剂量、暴露频率、暴露时间、途径和范围。由于剂量决定毒性，所以剂量的确定就显得特别重要。

对于食品添加剂、农药和兽药残留以及污染物等危害物质的暴露剂量，主要是对膳食摄入量的估计，这需要有关食品消费量和这些食物中相关化学物质浓度的资料。总之，暴露评估是指定量、定性地评价由食品以及其他相关方式对生物的、化学的和物理的致病因素的可能摄入量。

### （四）风险描述

风险描述是指在危害确定、危害特征描述和暴露评估的基础上，对给定人群产生已知或潜在影响的可能性和影响的严重性，做出定量或定性估计，也包括对伴随的不确定性的描述。风险描述的结果是对人体摄入某种化学物对健康产生不良影响的可能性进行估计，它是危害鉴定、危害描述和暴露评估的综合结果。

某一种化学物质如果存在阈值，则对人群风险可以采用摄入量与 ADI（每日允许摄入量）相比较的百分数作为风险描述。如果所评价的化学物质的摄入量较 ADI 小，则对人的健康危害可能性就小，甚至为零。如果所评价的化学物没有阈值，对人群的风险就只能是摄入量与危害强度的综合结果。

食品添加剂以及农药和兽药残留，采用固定的风险水平是比较切合实际的。因为假如估计的风险超过了规定的可接受水平，就可以禁止这些化学物质的使用。在描述危险性特征时，必须认识到在风险评估过程中每一步所涉及的不确定性。

危险性特征描述中的不确定性反映了在前面三个阶段评估中的不确定性。将动物试验的结果外推到人时存在着不确定性，而人体对化学物质的某些高度易感性反应，在动物中可能并不会出现。因此，在实际工作中应该进行额外的人体试验研究，以降低这种不确定性。

## 三、食品安全风险管理

食品安全风险管理有别于食品安全风险评估，是权衡和选择政策的过程，需要考虑风险评估的结果、与保护消费者健康相关的因素、与促进公平交易相关的其他因素、必要时应选择采取的控制措施（包括取缔手段等）。

食品安全风险管理包括风险管理选择评估、执行管理决策以及管理措施监控三部分。食品安全风险管理选择评估的基本内容，包括确认农产品质量安全问题、描述风险概况、确定可行的管理方案、做出最佳的管理决策。风险管理选择评估的程序，包括确定现有的管理选项、选择最优管理选项以及做出最终的管理决策。

执行食品安全管理决策是指对于风险管理措施的采纳以及实施。食品安全管理措施监控是指对政策有效性进行评估，以及在必要时对风险管理或风险评估进行审核及验证。食品安全风险管理的目标，是通过选择和实施适当的措施，尽可能地控制这些风险，从而保障公众的健康和社会的安定。

## 四、食品安全风险交流

食品安全风险交流是贯穿于食品安全风险分析整个过程中的信息和观点的相互交流。交流的内容可以是危害和风险，或与风险有关的因素和对风险的理解，也包括对风险评估结果的解释和风险管理决策的制定等。交流的对象包括风险评估者、风险管理者、消费者、企业、学术组织以及其他相关团体。

食品安全风险交流的目的在于：①在风险分析过程中提高对所研究的特定问题的认识和理解；②在达成和执行风险管理决策时，增加一致性和透明度；③为理解建议的或执行中的风险管理决策提供坚实的基础；④改善风险分析过程中的整体效果和效率；⑤制定和实施作为风险管理选项的信息和教育计划；⑥培养公众对于食品安全的信任和信心；⑦加强所有参与者的工作关系和建立相互间的尊重；⑧在风险情况交流过程中，促进所相关团体的适当参与；⑨就相关团体对于与食品安全相关问题的知识、态度、估计、理解进行信息交流。

# 第三节　食品安全风险控制

## 一、良好农业规范的实施

### （一）良好农业规范概述

良好农业规范（Good Agricultural Practice，GAP），是一套主要针对初级农产品生产的操作规范。良好农业规范是以食品的可追溯性为核心，以农产品生产全程质量控制为重点，以危害分析、关键控制点、可持续发展为基础，关注环境保护、员工健康安全和动物福利，保证农产品生产安全和食品安全的一套规范体系。

良好农业规范通过规范种植、养殖、采收、清洗、包装、贮藏和运输的过程管理，鼓励减少农用化学品的使用，来实现保障初级农产品的质量安全、可持续发展、环境保护、员工健康安全以及动物福利等目标。它强调从源头抓起，解决农产品和食品安全问题，是提高农产品生产全过程质量安全和管理水平的有效途径。良好农业规范标准主要涉及作物种植、畜禽养殖和水产养殖等各个农业领域。

### 1. 良好农业规范（GAP）的产生背景

（1）保障食品安全是食品产业链中各类组织共同的责任。进入新世纪以来，各类农产品安全事件的发生使人们清楚地认识到，食品安全是食品产业链中各类组织共同的责任。食品安全的管理也应该是覆盖食品产业链各过程的系统工程，与食品产业链中的各类组织（包括农产品种植者、饲料生产者、畜禽养殖者，以及食品生产制造者、运输和仓储经营者、经销商、餐饮服务与经营者、其他有关组织和相关服务提供者等）有着密切的关系。

在食品产业链各环节中，一个很重要的领域就是食品产业链前端的初级种植者和养殖者，他们的生产管理和对食品安全的控制十分重要。缺少了对于这一环节的管理标准，缺少了良好农业规范（GAP）的实施，食品安全的全过程控制就难以实现。同时，由于农业生产经营不当导致的问题，以及现代农业经营大量使用农用化学品也对环境产生了严重影响，导致土壤板结、土壤肥力下降。因此，建立可持续发展的农业生产经营方式已得到人们广泛的认可和支持。

（2）良好农业规范为促进现代农业发展、提高农业综合生产能力提供了新的途径。良好农业规范是针对农业生产（包括农作物种植和畜禽养殖）的管理控制模式，它通过对种植、养殖、采收、清洗、包装、贮藏和运输等农事活动进行全过程的系统化控制，实现农产品质量安全以及环境保护和可持续发展等目标。

良好农业规范已经逐步受到各国政府、种植业、养殖业、食品加工业、食品零售业和消费者的关注，也越来越得到各国政府管理机构和民间组织的重视，并以政府指导建立行业规范的形式得到发展。利用良好农业规范（GAP）标准的推广应用，来加强农产品的质量安全管理，保障农业的可持续发展，已经成为现代农业经营管理的发展方向。

（3）良好农业规范的推广应用已在国际上形成共识。1998 年，美国食品和药品管理局（FDA）和美国农业部（USDA）联合发布了《关于降低新鲜水果与蔬菜微生物危害的企业指南》。在其中，提出了"良好农业规范"的概念。

欧洲零售商协会（Euro-Retailer Produce Working Group，EUREP）于 1997 年发起成立了欧盟良好农业规范组织（EUREP GAP），组织零售商、农产品供应商和生产者制定了一套包括对食品可追溯性、安全性、环境保护、员工福利和动物福利等要求的标准，后来正式成为欧盟良好农业规范组织的标准。

2001 年欧盟良好农业规范组织会秘书处，首次将欧盟良好农业规范组织标准对外公开发布，2005 年发布了第二版标准。2007

年欧盟良好农业规范组织更名为全球良好农业规范组织（GLOB-AL GAP），并发布了第三版标准。该组织制定的标准，极大地促进了全球良好农业规范的应用与发展。

以全球良好农业规范的标准为基础，近年来，美国、加拿大、英国、德国、法国、瑞士、澳大利亚、新西兰、日本、新加坡等国家都相继制定了各自的良好农业规范标准，并实现了保障食品质量安全从源头抓起、全程管控的目标。

**2. 中国良好农业规范（China GAP）的产生与发展**

（1）中国良好农业规范标准的起草与发布。为改善目前我国农产品的生产经营状况，提高我国农产品的安全性，增强消费者对于本国农产品的消费信心，促进我国农产品参与国际市场竞争，国家认证认可监督管理委员会于2003年首次提出要在我国食品产业链的源头建立"良好农业规范"体系，并于2004年组织质检局、农业部、认证认可行业专家共同启动了中国良好农业规范（China GAP）标准的编写和制定工作。

在欧盟良好农业规范组织标准的基础上，首次建立了我国良好农业规范的评价体系。2005年12月，我国作为国家标准发布了第一批《良好农业规范系列标准》（GB/T 20014.1-2005 至 GB/T 20014.11-2005），并规定从2006年5月1日起正式实施。这一整套良好农业规范国家标准，涵盖了大田作物、水果、蔬菜、猪、家禽、奶牛、牛羊等种植业、养殖业的主要产品。

为了进一步完善我国良好农业规范标准体系，受国家标准化管理委员会的委托，在第一批《良好农业规范系列标准》的基础上，国家认证认可监督管理委员会再次组织相关部门和有关方面的专家，编订完成了我国第二批关于茶叶和水产品等13项产品的《良好农业规范系列标准》（GB/T 20014.12-2008 至 GB/T 20014.24-2008），并于2008年2月1日作为国家标准发布实施。

根据第一批《良好农业规范系列标准》（GB/T 20014.1-2005 至 GB/T 20014.11-2005）的实施情况，2007年又对第一批国家标准了修订，修订后的标准于2008年5月发布，即《良好农业规范系列标准》（GB/T 20014.1-2008 至 GB/T 20014.11-2008），并于 2008 年 10 月 1 日正式实施。2010 年增加了《良好农业规范系列标准》（GB/T 20014.25-2010），内容是花卉与观赏植物控制点与符合性规范。2013 年新增了《良好农业规范系列标准》（GB/T 20014.26-2013 至 GB/T 20014.27-2013），内容是烟叶控制点与符合性规范和蜜蜂控制点与符合性规范。至此，我国《良好农业规范系列标准》达到 27 个。2013 年，国家认证认可监督管理委员会还组织相关部门和有关方面的专家对已经实施的大部分标准进行了修订。

早在 2005 年 12 月我国作为国家标准发布了第一批《良好农业规范系列标准》之后，2006 年 1 月，国家认证认可监督管理委员会发布了《良好农业规范认证实施规则（试行）》（国家认证认可监督管理委员会 2006 年第 4 号公告），用于规范相关认证机构开展大田作物、水果、蔬菜、猪、家禽、肉牛、牛羊等农产品生产的良好农业规范认证活动。这标志着我国良好农业规范的国家认证制度正式建立。

我国的《良好农业规范系列标准》（China GAP），在制定时考虑到了我国的农业生产特点，将认证分为两个级别：一级认证标准与全球良好农业规范标准（GLOBAL GAP）的要求基本一致；二级认证标准则考虑到了我国的实际农业生产情况。这一标准体系的创建，既保证了我国农业生产的适用性，也为消除农产品国际贸易壁垒奠定了基础。

（2）中国良好农业规范（China GAP）认证的实施。自从我国良好农业规范认证制度建立以来，已经实施和开展了大量的试点和推广工作，并且得到了社会各界的广泛关注和行业相关管理机构和经营主体的认可。2006 年和 2007 年连续两年，在国务院组织的全国食品安全专项整治行动中，都明确提出要开展和加强中国良好农业规范（China GAP）的认证和实施。在 2007 年，还将中国良好农业规范（China GAP）的实施正式写入中央 1 号文件，将实施这一规范作为党中央、国务院积极发展现代农业、推进社会主义新农村建设的重要措施之一。

国家认证认可监督管理委员会同国家标准委员会，还组织专家编写出版了《良好农业规范实施指南》宣传教材，并培训了一批宣讲良好农业规范的师资队伍和认证标准落实检查员队伍。这两个委员会于 2007 年和 2008 年，先后在我国 23 个省、直辖市、自治区的 522 家企业，开展了良好农业规范认证试点工作。到 2008 年年底，共有 295 家企业（占试点企业的 56.5%）获得了中国良好农业规范（China GAP）认证证书。

（3）良好农业规范的国际交流和合作。为推进我国良好农业规范的发展，加强与国际相关组织的交流与合作，促进我国农产品参与国际贸易，国家认证认可监督管理委员会与欧盟良好农业规范组织签署了"技术合作备忘录"和"China GAP 认证体系与 EUREP GAP 认证体系基准性比较问题谅解备忘录"。目前，正在按照 GLOBAL GAP 基准性比较程序，开展 China GAP 认证体系与 GLOBAL GAP 认证体系基准性比较工作。

根据备忘录的规定，China GAP 与 GLOBAL GAP 经过基准性比较以及互认的相关工作之后，China GAP 认证结果将可以得到相关国际组织和国际零售商组织的认可，即我国的良好农业规范一级认证将等同于 GLOBAL GAP 认证。通过 China GAP 一级认证的我国农产品（果蔬和茶叶）可以直接加贴 GLOBAL GAP 认可标志出口到欧洲。这样就避免了相关经营企业需要实施二次认证，才能将农产品出口到欧洲市场的繁琐手续。我国 China GAP 认证结果的国际互认，将对促进我国农产品参与国际贸易起到积极的促进作用。

## （二）中国良好农业规范的系列标准

### 1. 中国良好农业规范（China GAP）系列标准目录

迄今为止，中国发布了 1 套 27 个《良好农业规范》国家标准，其目录如下：

GB/T 20014.1-2005 良好农业规范 第 1 部分：术语；

GB/T 20014.2-2013　良好农业规范　第2部分：农场基础控制点与符合性规范

GB/T 20014.3-2013　良好农业规范　第3部分：作物基础控制点与符合性规范

GB/T 20014.4-2013　良好农业规范　第4部分：大田作物控制点与符合性规范

GB/T 20014.5-2013　良好农业规范　第5部分：水果和蔬菜控制点与符合性规范

GB/T 20014.6-2013　良好农业规范　第6部分：畜禽基础控制点与符合性规范

GB/T 20014.7-2013　良好农业规范　第7部分：牛羊控制点与符合性规范

GB/T 20014.8-2013　良好农业规范　第8部分：奶牛控制点与符合性规范

GB/T 20014.9-2013　良好农业规范　第9部分：猪控制点与符合性规范

GB/T 20014.10-2013　良好农业规范　第10部分：家禽控制点与符合性规范

GB/T 20014.11-2005　良好农业规范　第11部分：畜禽公路运输控制点与符合性规范

GB/T 20014.12-2013　良好农业规范　第12部分：茶叶控制点与符合性规范

GB/T 20014.13-2013　良好农业规范　第13部分：水产养殖基础控制点与符合性规范

GB/T 20014.14-2013　良好农业规范　第14部分：水产池塘养殖基础控制点与符合性规范

GB/T 20014.15-2013　良好农业规范　第15部分：水产工厂化养殖基础控制点与符合性规范

GB/T 20014.16-2013　良好农业规范　第16部分：水产网箱养殖基础控制点与符合性规范

GB/T 20014.17-2013 良好农业规范 第 17 部分：水产围栏养殖基础控制点与符合性规范

GB/T 20014.18-2013 良好农业规范 第 18 部分：水产滩涂、吊养、底播养殖基础控制点与符合性规范

GB/T 20014.19-2008 良好农业规范 第 19 部分：罗非鱼池塘养殖控制点与符合性规范

GB/T 20014.20-2008 良好农业规范 第 20 部分：鳗鲡池塘养殖控制点与符合性规范

GB/T 20014.21-2008 良好农业规范 第 21 部分：对虾池塘养殖控制点与符合性规范

GB/T 20014.22-2008 良好农业规范 第 22 部分：鲆鲽工厂化养殖控制点与符合性规范

GB/T 20014.23-2008 良好农业规范 第 23 部分：大黄鱼网箱养殖控制点与符合性规范

GB/T 20014.24-2008 良好农业规范 第 24 部分：中华绒螯蟹围栏养殖控制点与符合性规范

GB/T 20014.25-2010 良好农业规范 第 25 部分：花卉与观赏植物控制点与符合性规范

GB/T 20014.26-2013 良好农业规范 第 26 部分：烟叶控制点与符合性规范

GB/T 20014.27-2013 良好农业规范 第 27 部分：蜜蜂控制点与符合性规范

**2. 中国良好农业规范国家标准的内容**

在目前已经发布并实施的 27 个良好农业规范系列国家标准中，除了第 1 部分术语之外，其他部分均是按照使用范围和领域的不同来编列的，可以分为农场基础类标准、农产品种类标准（比如作物类、畜禽类、水产类等）、产品模块类标准（比如大田作物、果蔬、茶叶、肉牛、肉羊、猪、奶牛、家禽、罗非鱼、大黄鱼等）这三大类。

（1）农场基础类标准。农事活动离不开农场，因为农场是所有

农事活动的基础，因此需要制定作为农场基础的统一标准。除了规定农场应该具备满足农事活动要求的员工、生产用房、生产机械、生产工具等之外，还提出了在进行良好农业规范操作时，尤其要关注农场的选址和历史（包括从事农业活动的风险评估和与种养殖活动的适宜性等）、农场边界的设定及建立标志标识、有害生物的防治措施和相关记录，以及对员工健康安全和环境保护的关注等。

这一类标准中包含的具体要求有：记录的保持和内部审核、农场历史和管理、农场内机械设备、员工健康安全和福利以及培训的要求、垃圾和污染物的管理回收与再利用、环境保护等。农场基础标准是一个通用模块，提出的控制点和符合性规范是对所有农产品种植、养殖过程的要求，即适用于作物、畜禽、水产养殖等各项活动。在进行良好农业规范认证时，申请企业（或单位）必须按照农场基础类标准的要求进行种植管理、养殖管理，认证机构也必须对这一类标准的符合性进行检查。

（2）农产品种类标准。农产品种类标准主要包括作物类、畜禽类和水产养殖类。由于水产养殖在实际操作中因养殖环境和养殖模式的不同，又可以进一步细分为池塘养殖、工厂化养殖、网箱养殖、围栏养殖和滩涂养殖、吊养、底播养殖等六大类。因此，其基础标准也是水产养殖类的标准。农产品种类标准在农场标准的基础上，突出了对于可追溯性的要求。

作物基础控制点与符合性规范中，在作物的选种、土壤肥力的保持、田间管理、植物保护、产品的选择和处理、收获和收获处理、产品加工（比如茶叶加工）等方面提出了具体要求，其中对植物保护提出了化学品选择、使用记录、安全间隔期、使用器械、剩余药液处理、农药残留分析、农药存储和处置、使用过的植保产品容器和弃用的植保产品的妥善标识和处置等诸多具体的要求。通过实施对植保产品等农用化学品的全过程管控，就能降低由此产生的食品安全风险。

畜禽基础控制点与符合性规范中，对农场中畜禽棚舍的位置、朝向、布局、设备、设施、清洁、光照、采暖、通风、饮水、排泄物的综合利用等都提出了具体要求，这为保障动物福利提供了可能。在畜禽饲料方面，畜禽基础标准对外购饲料、自制饲料、草料、动物源性饲料、鱼粉和加药饲料等，都提出了保持可追溯性等方面的具体要求。畜禽基础标准还系统制定了畜禽健康和用药的要求，以及兽药的选择、购买、使用、休药期的规定、兽药残留的检测等内容。其具体规定涉及到的内容有：畜禽舍的地址、设备和设施、员工的能力、畜禽种源标识、饲料和饮水、畜禽健康、用药、病死畜禽的处理等。

水产养殖基础控制点和符合性规范中，规定了有关渔场的厂址、设备设施、水产养殖投入品（鱼苗、化学品、鱼药、疫苗、渔用饲料等）、水产养殖管理（养殖计划、鱼苗放养、转移管理、卫生管理、病害防治、病死养殖动物处理、药残控制、收获、冰的卫生、包装和运输、动物福利、灾害防治等）、环境保护等内容。规范中突出了法规法规体系与养殖管理的重要性，规定所有养殖活动均应符合国家和行政主管部门规定的食品安全法规要求，新建或改扩建水产养殖场应经有关行政主管部门的批准，养殖场还需要建立从养殖场成品到苗种的可追溯性体系，对涉及养殖成品卫生安全和质量控制的过程要制定出书面程序，以保证水产品的质量安全。应根据养殖对象和种类、生长周期、养殖场特点等条件，制定合理的养殖计划，对鱼苗的放养、转移、卫生、病害控制等渔场主要活动的管理也制定了标准。

池塘养殖、工厂化养殖、网箱养殖、围栏养殖和滩涂养殖、吊养、底播养殖等六个种类的标准，是分别就不同养殖环境和养殖方法的特点来制定的。比如，池塘养殖对底泥、水质、土壤重金属、放养密度、排水系统、清塘等池塘管理都做了要求，还包括鲈鱼、锯缘青蟹、中华鳖、青鱼、鲢鱼、鳙鱼、鲤鱼、鲫鱼、鳊鱼等具体标准。网箱养殖则对网箱放置的区域、深度、网箱的大小、网箱材料以及养殖过程、养殖投入品的管理、员工健康安全和环境保护等提出了具体要求。工厂化养殖则强调对员工的培训、养殖车间、养殖池、水处理系统、温控系统、增氧系统、供电系统、实验室等的具体要求。

（3）产品模块类标准。产品模块类标准分为三个部分：种植类包括大田作物、果蔬、茶叶；畜禽养殖类包括牛羊、奶牛、猪、家禽；水产养殖类包括罗非鱼、鳗鲡、对虾、鲆鲽、大黄鱼和中华绒螯蟹等。

大田作物、果菜、茶叶类，由于作物种类较多，目前良好农业规范标准已经制订了大田作物、水果蔬菜、茶叶的控制点和符合性规范，这三个部分是对作物基础标准、农场基础标准的补充。比如，作物基础标准中仅对种子的病虫害的抗性、种子和根茎的处理、种子的播种和定植提出了要求；水果蔬菜的控制点与符合性规范中，对品种或根茎的选择、种子质量保证文件、繁殖材料提出了补充要求；茶叶控制点与符合性规范中，增加了与加工有关的具体要求。

牛羊、奶牛、猪、家禽类，已经制定了四个控制点与符合性规范，也是针对不同种类和用途的畜禽产品的养殖特点，对畜禽基础控制点和符合性规范的重要补充。比如，在畜禽基础标准中，对畜禽养殖场的位置、水质、有无有害气体污染等提出了具体要求，而在牛羊控制点与符合性规范中，则在此基础上提出了更多的要求，如畜舍的采光是否足够家畜的辨认、温度是否有利于家畜的健康、面积是否与饲养密度适宜、是否有用于家畜休息的干燥的休息区等。

罗非鱼池塘养殖、鳗鲡池塘养殖、对虾池塘养殖等水产养殖类，由于目前我国水产养殖的范围较广、种类较多，同时，各地在养殖方式和养殖环境上差异较大，因此在制定水产养殖产品类别标准时，选择了比较有代表性的罗非鱼池塘养殖、鳗鲡池塘养殖、对虾池塘养殖、鲆鲽工厂化养殖、大黄鱼网箱养殖、中华绒螯蟹围栏养殖这几种，为水产良好农业规范认证的实际操作提供指导。

## （三）中国良好农业规范标准的使用

在进行中国良好农业规范认证活动时，需要对相应类别标准的控制点与符合性规范进行判定。判定时应根据所认证的产品,确定其所属范围,并根据产品生产所处的环境,选择适用的农场基础类标准、农产品种类标准和产品模块类标准。

比如,苹果的良好农业规范认证,应选择农场基础类标准、作物基础类标准和水果蔬菜模块标准,对所有控制点与符合性规范进行判定。养猪的良好农业规范认证,应选择农场基础类标准、畜禽养殖类标准和猪模块标准,对所有控制点与符合性规范进行判定。

主要农产品模块所适用的良好农业规范标准详见表 2-1。

表 2-1 主要农产品模块所适用的良好农业规范标准

| 产品名称 | 使用的标准 |
|---|---|
| 大田作物 | GB/T 20014.2-2013、GB/T 20014.3-2013、GB/T 20014.4-2013 |
| 水果蔬菜 | GB/T 20014.2-2013、GB/T 20014.3-2013、GB/T 20014.5-2013 |
| 茶叶 | GB/T 20014.2-2013、GB/T 20014.3-2013、GB/T 20014.12-2013 |
| 牛羊 | GB/T 20014.2-2013、GB/T 20014.6-2013、GB/T 20014.7-2013 |
| 奶牛 | GB/T 20014.2-2013、GB/T 20014.6-2013、GB/T 20014.8-2013 |
| 猪 | GB/T 20014.2-2013、GB/T 20014.6-2013、GB/T 20014.9-2013 |
| 家禽 | GB/T 20014.2-2013、GB/T 20014.6-2013、GB/T 20014.10-2013 |
| 罗非鱼 | GB/T 20014.2-2013、GB/T 20014.13-2013、GB/T 20014.14-2013、GB/T 20014.19-2008 |
| 鳗鲡 | GB/T 20014.2-2013、GB/T 20014.13-2013、GB/T 20014.14-2013、GB/T 20014.20-2008 |
| 对虾 | GB/T 20014.2-2013、GB/T 20014.13-2013、GB/T 20014.14-2013、GB/T 20014.21-2008 |
| 鲆鲽 | GB/T 20014.2-2013、GB/T 20014.13-2013、GB/T 20014.15-2013、GB/T 20014.22-2008 |
| 大黄鱼 | GB/T 20014.2-2013、GB/T 20014.13-2013、GB/T 20014.16-2013、GB/T 20014.23-2008 |
| 中华绒螯蟹 | GB/T 20014.2-2013、GB/T 20014.13-2013、GB/T 20014.17-2013、GB/T 20014.24-2008 |

关于未列入认证产品目录的农产品，在《良好农业规范认证实施规则》中规定：各认证机构应当依据良好农业规范系列国家标准，对该农产品的适用性进行技术分析，并将有关技术分析报告和需补充的相关技术规范报国家认证认可监督管理委员会审定，经批准后方可实施认证。也就是说，当企业申请认证的农产品超出产品目录时，认证机构通过对该农产品的适用性进行技术分析，并将有关分析报告和技术规范报国家认证认可监督管理委员会审定，经批准后可以进行非目录产品的认证活动。

由于良好农业规范系列国家标准，采用了危害分析与关键控制点（HACCP）的方法来识别、评价和控制整个农产品种植、养殖的过程，因此，所有产品模块的控制点和符合性规范，依据其在实施良好农业规范认证活动中的影响或危害的因素，被划分为1级、2级和3级三个等级。基于危害分析与关键控制点和与此相关的动物福利要求的控制点，定为1级控制点；由此带来的涉及环境保护、员工福利和动物福利的要求，定为2级控制点；基于1级和2级控制点要求的环境保护、员工福利和动物福利的持续改善措施要求，定为3级控制点。

不同级别控制点的符合性程度决定了良好农业规范认证所达到的水平。所有标准适用的1级控制点都满足要求，同时2级控制点95％以上满足要求，则可以达到良好农业规范认证一级认证水平；所有使用标准的1级控制点有95％满足要求，则达到良好农业规范认证二级认证水平。

控制点数量和等级划分是一个动态过程，随着农业生产管理水平、经济发展水平和社会关注重点的变化，控制点等级会适当进行修改。同时，随着我国对能源和资源利用的高度重视，未来在标准修订时，部分涉及能源和资源利用的条款要求可能就会提高。因此，企业在标准实施过程中，应对3级控制点给予较多的关注，而不应忽视3级控制点的要求。

## （四）良好农业规范管理体系的建立

目前，越来越多的农业企业（或单位）开始按照良好农业规范的标准要求来进行生产，建立起了科学种植和养殖的技术规范。但从良好农业规范标准的内容来看，多数还只是对过程的技术要求，还没有涉及到经营管理方面的要求。因此，这还不算是真正意义上的良好农业规范管理体系。

对于农业生产经营者的管理模式和中国小农户联合种植和养殖的特殊国情，良好农业规范管理体系的建立显得尤为重要。未来还要针对农业生产经营者组织管理体系制定规范并进行引导。

**1. 农业生产经营组织良好农业规范管理体系建立的基础**

良好农业规范管理体系是农业生产经营者组织实施良好农业规范所必需的环节。一个完善的良好农业规范管理体系的运行，就是通过对组织内部各种过程进行科学的管理来实现的。因此，这一管理体系还应该明确：过程管理的要求、管理人员的职责、管理所需的资源等。农业生产经营者组织的良好农业规范管理体系的建立，源于国家认证认可监督管理委员会于 2007 年发布的《良好农业规范认证实施细则》（第 22 号公告）附件 4 的要求。

附件 4 共 13 部分，其内容包括：管理和组织机构、组织管理、人员能力和培训、质量手册、文件控制、记录、抱怨的处理、内部审查（检查）、产品的可追溯性和区分、罚则、认证产品的召回、认证标准的使用、分包方等。

良好农业规范管理体系的建立必须明确几下几点：第一是组织的合法性；第二是确认组织和合作成员的组织结构；第三是组织与成员要签订合作合同；第四是合作成员要向组织进行注册。

**2. 农业生产经营组织良好农业规范管理体系建立的步骤**

（1）成立农业良好规范管理小组，明确农业良好规范管理组织结构。

（2）进行农业良好规范管理体系的策划。

（3）生产基地和加工现场考察，明确种植、养殖过程，进行初步风险分析。

（4）收集相关的法律法规。

（5）编写农业良好规范管理体系文件。

（6）文件发布，并对各级相关人员进行农业良好规范培训以确保各级人员能力胜任。

（7）生产基地和加工厂的硬件设备准备。

（8）农业生产经营组织按文件要求运行良好农业规范管理体系。

（9）对农业生产经营组织实施内部审核。

（10）重新确认良好农业规范管理体系文件。

### （五）良好农业规范认证程序

根据国家认证认可监督管理委员会发布的《良好农业规范认证实施细则》的规定，我国良好农业规范国家认证制度的流程见表2-2。

表 2-2 良好农业规范认证的流程

| 流程 | 步骤 | 认证机构 | 认证申请人配合工作内容 |
| --- | --- | --- | --- |
| 认证申请 | 认证意向 | 提供 GAP 认证宣传材料 | 介绍企业基本情况 |
| | 申请受理 | 提供申请表格 | 提交申请资料 |
| | 初访（必要时） | 了解申请者的基本情况 | 介绍申请的基本情况、生产过程及控制情况 |
| | 申请评审 | 受理申请，给予注册号码 | 获取注册号码 |
| | 认证合同 | 签署认证合同 | 签署认证合同、准备外部检查 |
| 产品评价 | 提供产品检测报告 | 评估提供的产品检测报告是否符合要求 | 提供产品检测报告 |
| | 没有产品检测报告 | 现场检查前或现场检查期间进行产品抽样 | 配合产品抽样，并送到指定的检测机构 |

### （六）良好农业规范认证证书和标志的使用

中国良好农业规范认证证书和认证标志的使用应符合国家质检总局发布的相关规定。申请者在获得认证机构颁发的认证证书后，可以在其非零售产品的包装、产品宣传材料、商务活动中使用认证标志。认证标志使用时，可以等比例放大或缩小，但不允许变形、变色；在使用认证标志时，必须在认证标志下注明认证证书的编号。认证证书持有者应对认证证书和认证标志的使用和展示进行有效的控制。

农业生产经营者组织应证明认证标志的使用得到了有效控制，且符合良好农业规范的相关技术规范和《良好农业规范认证实施细则》的要求。一旦发现错误的宣传和使用，认证机构有权采取适当措施进行处置。认证机构对认证证书持有者的制裁方式有告诫、暂停和撤销。

## 二、危害分析与关键控制点体系的实施

### （一）危害分析与关键控制点体系（HACCP）的概念

危害分析与关键控制点体系（Hazard Analysis and Critical Control Point，HACCP），即运用食品工艺学、微生物学、化学和物理学、质量控制和危险性评价等原理和方面，对整个食品产业链（从食品原料的种植或饲养、收获、加工、流通到消费）中实际存在的和潜在的危害进行危险性评价，找出对最终产品的质量安全有重大影响的关键控制点（Critical Control Point，CCP），并采取相应的预防或控制措施及纠偏措施，力求在危害发生之前就能实施有效的控制，从而最大限度地减少那些对消费者具有健康危害性的不合格产品出现的风险，以实现对食品安全、卫生以及质量的有效控制。

危害分析与关键控制点体系（HACCP），是一种国际上公认的和被普遍接受的食品安全管理体系，是用以防止食品出现微生

物、化学和物理危害的预防体系。它取代了传统食品企业以"样品检验"为特点的食品安全控制技术，将食品安全控制渗透到整个食品加工操作过程之中（从源头到终端）。

危害分析与关键控制点体系（HACCP）并非是一个零风险的系统，而是设法使食品安全的风险降到最低，使食品安全可能产生的危害降到最低限度。危害分析与关键控制点体系（HACCP）包括 7 项基本内容：①进行危害分析；②确定关键控制点；③建立关键限值；④建立关键控制点；⑤建立纠偏措施，以便当监控到某个特定关键控制点失控时采用；⑥建立验证程序，以确认危害分析与关键控制点体系运行的有效性；⑦建立有关上述原理及其应用中的所有程序和文件记录系统。

## （二）危害分析与关键控制点体系（HACCP）的起源和发展

美国是最早应用危害分析与关键控制点体系（HACCP）的国家，并最早在其食品加工过程中强制实施危害分析与关键控制点体系（HACCP）。

1971 年，Pillsbury 公司在美国食品保护会议上首次提出了危害分析与关键控制点体系（HACCP）的概念。1972 年，美国就成功地应用危害分析与关键控制点体系（HACCP）控制了低酸罐头中微生物污染。其后，美国食品和药品管理局（FDA）和美国农业部（USDA）等有关机构先后对危害分析与关键控制点体系（HACCP）的推广和应用作了一系列的规定，并要求建立一个以危害分析与关键控制点体系（HACCP）为基础的覆盖全美国的食品安全监督体系。1995 年，美国食品和药品管理局（FDA）颁布了《水产品 HACCP 法规》，1998 年，美国食品和药品管理局（FDA）提出了《应用 HACCP 对果蔬汁饮料进行监督管理法规草案》。

由于危害分析与关键控制点体系（HACCP）在美国得到全面推广后，在保证美国食品质量安全上取得了明显效果，因此其他国家纷纷效仿，规定食品加工企业必须在其生产加工过程中建立和实施危害分析与关键控制点体系。相关的国际组织也推荐其成员国采用危害分析与关键控制点体系。1993年，食品法典委员会（CAC）起草了《HACCP的应用原理和指导原则》，这一文件在1997年的食品法典委员会大会获得了通过。1994年，世界粮农组织（FAO）起草的《水产品质量保证》文件中，规定应将危害分析与关键控制点体系作为水产品企业进行卫生管理的主要要求，并要求使用危害分析与关键控制点体系对企业进行评估。

我国食品企业实施危害分析与关键控制点体系（HACCP）比较晚。国家卫生系统从20世纪80年代开始在有关国际机构的帮助下，在国内开展危害分析与关键控制点体系的宣传、培训工作，并于20世纪90年代开展了乳制品行业的危害分析与关键控制点体系（HACCP）应用试点。

国家质检系统多年来对水产品、禽肉、畜肉、果蔬汁等行业的出口企业，推行了危害分析与关键控制点体系，并取得了初步成效，促进了我国相关食品的出口贸易。

从2004年至2009年，我国颁布了危害分析与关键控制点体系（HACCP）的相关国家标准，目录如下：

GB/T 19538-2004　危害分析与关键控制点体系及其应用指南

GB/T 19838-2005　危害分析与关键控制点体系：水产品生产企业要求

GB/T 27341-2009　危害分析与关键控制点体系：食品生产企业通用要求

GB/T 27342-2009　危害分析与关键控制点体系：乳品生产企业要求

## （三）实施危害分析与关键控制点体系（HACCP）的意义

采用危害分析与关键控制点体系的主要目的，是要建立一个以预防为主的食品安全控制体系，最大限度地消除或减少由食源性污染带来的疾病。因此，这样一个系统性强、约束性强、适用性强、国际通行强的管理体系，引起了我国政府监督机构的高度重视。随着这一管理体系的推广实施，食品产业经营者的行为将逐渐被规范，消费者的健康权益将得到更好的保障，我国的食品质量安全保障程度也必将会得到提高。

我国实施危害分析与关键控制点体系的意义主要有以下几个方面。

（1）危害分析与关键控制点体系是一种结构严谨的控制体系，它能够及时识别出所有可能发生的危害（包括生物、化学和物理的危害），并在科学的基础上建立预防性措施。

（2）危害分析与关键控制点体系是保证生产安全食品最有效、最经济的方法。因为其目标直接指向生产过程中有关食品卫生和安全问题的关键部分。因此，它能降低质量管理成本，减少最终产品的不合格率，提高产品质量，延长产品货架期，大大减少由于食品腐败而造成的经济损失。其实施不但能降低企业生产经营成本，而且极大地减少了企业生产和销售不安全食品的风险。同时，也能减少经营企业和国家监督机构在人力、物力和财力方面的支出，最终实现企业经济效益、产品质量管理、食品安全保障等多方面的良性循环。

（3）危害分析与关键控制点体系能通过预测潜在的危害以及提出控制措施，使新工艺和新设备的设计与制造有更加明确的发展方向，这有利于食品企业的健康持续发展。

（4）危害分析与关键控制点体系为食品生产企业和政府监督机构提供了一种理想的食品安全监测和控制方法，使食品质量管理与监督体系更完善、管理过程更科学。

（5）危害分析与关键控制点体系已被世界各国的政府监督机构、食品生产经营者和消费者公认为是目前最有效的食品安全控制体系。企业实施这一体系就等于向社会公众证明本企业是一个将食品安全视为第一经营要素的企业，从而能增加消费者对这个企业食品安全的信心，并提高其食品在消费者心中的诚信度。

## （四）实施危害分析与关键控制点体系必须具备的条件

### 1. 必备条件

良好操作规范和卫生标准操作程序是实施危害分析与关键控制

点体系的必备条件，是实施危害分析与关键控制点体系必须具备的基础和前提。

**2. 管理层的支持**

和其他管理体系的建立一样，建立危害分析与关键控制点体系需要企业高层管理者的承诺，从而使危害分析与关键控制点体系的实施得到必要的资源支持，并明确其应有的职责权限。

**3. 人员的素质要求与培训**

人员是危害分析与关键控制点体系成功实施的重要条件，因为危害分析与关键控制点体系必须依靠人来执行。如果员工既无经验也没有经过很好的培训，那么就会导致建立的危害分析与关键控制点体系可能无效或不健全。

**4. 校准程序**

通过校准程序能确保所有影响食品品质和安全的检验、测试或测量器具（如 pH 测量计、天平、温度计等）均能得到有效的维护和保养。定期校准可使这些器具达到并维持在必要的水平上，校准程序中还须交代如果发现器具失准，应如何处理相关产品等问题。

**5. 产品的标志和可追溯性**

产品必须有标志，这样不但能使消费者知道有关这些产品的信息，而且还能减少错误或不正确的发运和使用产品的可能性。产品标志的内容至少应包括产品描述、级别、规格、包装、最佳食用期或保质期、批号、生产商和生产地址等。

产品的可追溯性包括两大基本要素：①能确定生产过程的输入品（比如杀虫剂、除草剂、化肥、包装材料、设备等）以及这些输入品的来源；②能确定成品已发往的地点以及其所经过的路径。

**6. 建立产品回收计划**

产品回收计划描述了公司需要回收产品时所执行的程序，其目的是为了保证凡是具有生产企业标志的产品任何时候都能在市场上及时进行回收，一旦发现食品安全问题，就能有效、快速和完全地进入调查程序。因此，食品企业需要定期验证其回收计划的有效性。

## 三、卫生标准操作程序的实施

### （一）卫生标准操作程序的概念

卫生标准操作程序（Sanitation Standard Operating Procedure，SSOP）是指食品加工企业为了保证达到良好操作规范所规定要求，确保加工过程中消除不良的人为因素影响，使其加工的食品符合卫生要求而制定的，用于指导食品生产加工过程中如何实施清洗、消毒和卫生保持的作业指导文件。

卫生标准操作程序的制定和有效执行，对控制食品加工环节的食品安全危害是非常有价值的。食品加工企业根据国家相关法规和自身需要，建立起文件化的卫生标准操作程序，有助于提高食品加工企业的食品安全保障程度，有利于提升我国消费者对于加工食品的消费信任度和消费信心。

### （二）卫生标准操作程序的主要内容

美国食品和药品管理局（FDA）对于食品加工企业的卫生标准操作程序计划，至少规定了以下 8 个方面的内容，这些内容值得我国食品加工企业在制定卫生标准操作程序时借鉴。

（1）用于接触食品或食品接触面的水，或用于制冰的水的安全。

（2）与食品接触的表面的卫生状况和清洁程度，包括工具、器具、设备、手套和工作服。

（3）防止发生食品与不洁物、食品与包装材料、人流和物流、高清洁区的食品与低清洁区的食品、生食与熟食之间的交叉污染。

（4）手的清洗消毒设施以及卫生间设施的维护。

（5）要保护食品、食品包装材料和食品接触面免受润滑剂、燃油、杀虫剂、清洗剂、消毒剂、冷凝水、涂料、铁锈和其他化学性、物理性和生物性外来杂质的污染。

（6）有毒化学物质的正确标志、储存和使用。

（7）直接接触食品或间接接触食品的职工健康情况的控制。

（8）害虫的控制（防虫、灭虫、防鼠、灭鼠等）。

# 第三章
## 我国畜牧业产业链概述

畜牧业产业链是农业产业链的一种形式，但由于畜牧业是在转化种植业产品的基础上进行的经营活动，因而畜牧业产业链又有其不同于一般农业产业链的独特之处。由于畜牧业是以种植业产品为原料的，因而畜牧业产业链更长、也更为复杂。因此，在详细分析畜牧业产业链之前，有必要首先对农业产业链进行分析。

## 第一节　关于农业产业链

### 一、农业产业链的涵义

农业产业链的概念产生于 20 世纪 50 年代的美国，其含义是指与农业初级产品密切相关的具有关联关系的产业群所组成的网络结构，这些产业群依据其关联顺序主要包括为农业生产服务的科学研究部门和农业生产资料的生产部门这些产前环节；农作物种植和畜禽饲养等中间产业部门；以及以农产品为原料的加工业、储存、运输、销售等产后部门，也就是说包括了农业的产前、产中、产后部门。一般人们所说的农业产业链主要是指种植业产业链。

各个国家对农业产业链的称谓不同，但实际上都是按照现代化大生产的要求，在纵向上实行产前以及产加销一体化，在横向上实现资金、技术、人力、信息等要素的集约经营，从而形成经营部门专业化、产业一体化、服务社会化的农业经营管理大格局。其具体

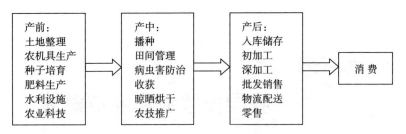

图 3-1　农业产业链的主要内容

表现在以下几个方面：

**1. 农业各经营部门的专业化**

在现代农业发展中，农业各经营部门越来越专业化，从事农业科研活动的机构专注于农业科学研究；从事农业生产资料生产的机构专注于农业生产资料的生产；从事农业产中环节的仅专注于农作物种植和畜禽饲养；从事农产品加工的专注于农产品加工；农产品的储存和运输由专门的农产品物流配送公司承担；农产品的销售则由专业的销售机构负责。

**2. 农业经营的集中化**

在现代市场经济发展的背景之下，伴随着竞争的加剧，农业经营又同时呈现出经营集中化的发展趋势。比如，农业的每一个经营环节（农业科研、农业生产资料生产、农作物种植和畜禽饲养、农产品加工、农产品物流配送、农产品销售等）的经营越来越集中，规模也越来越庞大。

**3. 农业生产经营的地域性特色越来越明显**

伴随着现代交通运输业的发展（高速公路网、低温储运车辆的普及），农产品的市场配置范围越来越大，这使得集中于一地生产而面向大范围销售成为可能。比如，山东生产的蔬菜产品可以覆盖全国市场乃至东北亚市场，北京的大桃可以远销至广东和香港，东北的大米可以覆盖中国东南沿海的整个市场。某一地域或因各种天赋的资源优势、或因种植传统、或因资本投入，都可以逐渐形成其农业经营的地域特点或地域优势，对这些地域特点或地域优势的挖掘就可能形成农产品在较大范围之内的市场分布。

### 4. 农业服务的社会化

伴随着农业各经营部门的专业化、农业经营的集中化和农业生产经营地域性特色显著化，农业的服务社会化也成为发展的趋势。随着农业产业的发展，在农业的产前、产中和产后各环节上所要求的服务也越来越多，并在客观上提出了农业服务社会化的要求。纵观世界上农业发达的国家，它们大多都有十分完备的农业社会化服务体系。也正是由于它们具有完备的农业社会化服务体系，其农业产业的发展才有了可靠的保障。

### 5. 农业产业链一体化

农业产业链的形成过程就是农业产业链一体化的过程。在农业产业链中，各环节的一体化可以看作是不同节点的企业、机构或经营主体遵循经济理性原则互相的博弈行为的结果。依照博弈论的观点来看，决策者（企业、机构或经营主体）的态度可以分为两大类，即合作（愿意合作）与非合作（不愿意合作）。当决策者采取非合作态度时，他在决策时就不去考虑其他人的利益，而只是考虑自己的利益，并把他人的价值观和利益作为影响自己利益实现的原因来加以考虑。在这一前提下，当他们在进行"集体活动"或者进行博弈时，他们相互之间往往会采取"非合作"的态度（这时的交易费用较高）。相反，当决策者在决策中考虑其他人的利益时，就会把其他企业的利益也作为自己行动的目标的一部分，他就会采取欢迎合作的态度。当双方都采取欢迎合作的态度时，就可能达成有一定约束力的协议，这样在产业链的不同环节间才可能形成真正意义上的合作（这时的交易费用较低），并进而实现一体化。我们通常所理解的农业产业链就是通过彼此合作所形成的一体化农业产业链。

总之，农业产业链是以农业经营的专业化、集中化、地域化、服务社会化为基础，通过产业链条上相关联的节点企业（或经营主体）之间的紧密合作，以降低交易费用，从而达到提高产业运营效率和提高各自经营效益的目标。

## 二、农业产业链的理论基础——交易成本理论

传统的政治经济学认为交易和商业不能增加商品的价值，因此我国在计划经济体制下理论上认为交易成本是不存在的。但是，在1991年当罗纳德·科斯（Ronald Coase）获得诺贝尔经济学奖之后，其学说在中国迅速传播，人们开始思考交易成本问题，"交易成本""交易费用""科斯定理"一时成为热门词汇。

交易成本理论（也称为交易费用理论）是由罗纳德·科斯最早提出的。1937年，科斯在《企业的性质》一文中首次提出交易成本这一概念，而后交易成本又成为新制度经济学的最基本的概念。简要来说，交易成本是指完成一笔交易时，交易双方在买卖前后所产生的各种与此交易相关的成本。科斯认为，交易费用应包括度量、界定和保障财产权利的费用，发现交易对象和交易价格的费用，讨价还价、订立合同的费用，督促契约条款严格履行的费用等，具体可以列为下几类费用：

（1）搜寻成本：商品信息与交易对象信息的搜集。

（2）信息成本：取得交易对象信息与和交易对象进行信息交换所需的成本。

（3）议价成本：针对契约、价格、品质讨价还价的成本。

（4）决策成本：进行相关决策与签订契约所需的内部成本。

（5）监督交易进行的成本：监督交易对象是否依照契约内容进行交易的成本，例如追踪产品、监督、验货等。

（6）违约成本：违约时所需付出的事后成本。

按照大多数学者认同的观点，交易费用是使用市场机制时发生的"制度费用"。例如，道格拉斯·诺思认为，交易成本的存在使经济过程产生摩擦，它是影响经济绩效的关键因素。张五常认为，好的经济制度可以有效地降低协调成本，即节省交易费用，而不好的经济制度则会提高社会的协调成本，即增加交易费用。

科斯认为，正是由于交易成本的存在，企业才需要不断地扩大

规模和扩大经营领域，将原来的市场交易成本转变为企业内部更为低廉的管理成本。由此也产生了关于"企业的边界应该有多大"的问题，即如果企业不断扩大规模，当扩大到企业内部管理成本与市场交易成本相近的时候，企业规模再扩大其内部管理成本就会大于市场交易成本，这时企业扩张就不会带来利益，这也就决定了企业规模扩张的边界。科斯对市场和企业两种制度安排做了比较，并得出这样的结论：企业组织的边界取决于市场交易成本和企业内部组织协调成本的比较。

交易成本理论的根本论点在于对企业的本质加以解释。由于在经济体系中企业的专业分工与市场价格机制的作用，产生了专业分工的现象，但是当使用市场的价格机制来配置资源的成本相对偏高时，就会显示出企业内部以管理机制来配置资源成本较低的优势，这是人类追求经济效率提高所形成的经济组织形式，也是农业产业链一体化的理论依据。

当农民由于担心购买的农资有问题而不得不费力奔波选购时，如果某一有信誉的农资经营机构可以通过签订合同的形式来保证其农资质量，那农民当然愿意成为其长期客户，农户减少了购买成本，农资经营机构也减少了寻找客户的成本。如果农户总在忧虑生产的产品难以卖到比较理想的价格时，农产品加工或销售机构愿意保证农户获得一个比较合理的价格，而农产品加工和销售机构又可以借助于农民签订合同的形式来稳定自身的货源并减少交易成本时，它们之间就可以实现长期合作。总之，农业产业链一体化有助于降低产业链各个环节的交易成本，并提高或稳定产业链上每个参与者的盈利水平。

## 三、农业产业链构建的基础——农产品供应链

一般认为，农产品供应链是围绕核心经营企业（或经营主体），通过对信息流、物流、资金流的控制，从采购原材料开始，制成中间产品以及最终产品，最后由销售网络把农产品（或加工食品）送

到消费者手中的将供应商、中间环节经营主体（比如农户、农户群或农场）、加工制造商、分销商、零售商、直到最终用户连成一个整体的功能网链结构模式。它是一个范围更广的企业（或经营主体）结构模式，它包含所有加盟的节点企业（或经营主体），从原材料的供应开始，经过产业链上不同企业（或经营主体）的制造、种植或养殖、加工、分销等过程直到最终用户或消费者。

农产品供应链不仅是一条连接供应商到用户或消费者的物料链、信息链、资金链，而且还是一条价值增值链、盈利增加链。物料（种子、肥料、农用机械）或资源（比如农田、畜舍、草原）在农产品供应链上因制造、种植、养殖、加工、包装、运输等过程而增加其价值，并给产业链上相关联的企业（或经营主体）都带来盈利的增长或盈利的稳定。

我们可以比较形象地把农产品供应链描绘成一棵枝叶茂盛的大树：农资生产企业构成这棵大树生长的土壤，种植和养殖环节就是这棵大树的树根，主要加工企业和大型批发销售机构就是这棵树的主干，广大的零售商就是这棵树的树枝和树梢，而消费者则是这棵树上密密葱葱的树叶。如果土壤肥美（农资生产企业提供好的原料），根系发达而繁茂（种植和养殖业者努力工作），树干粗壮（加工和批发销售机构积极工作），那么树枝（零售商）就会越深越长、覆盖面越来越大，树叶（消费者）自然也就会越来越浓密。

在土壤（农资生产企业）与根系（种植和养殖业者）、根系（种植和养殖业者）与树干（加工和批发销售机构）、树干（加工和批发销售机构）与树枝（零售商）、树枝（零售商）与树叶（消费者）的每一个节点上，都蕴藏着一次次的流通和转化，大树遍体相通的脉络便是农产品信息管理系统。只有当作为大树遍体相通的脉络——农产品信息管理系统十分通畅的时候，这棵树才具有强大的生命力。所以，农产品供应链是社会化大生产的必然产物，是农产品产业链中重要的流通组织形式与市场营销方式，它具有市场组织化程度高和规模化经营的优势，有机地联结了农产品生产与农产品消费，是农业产业链构建的基础。

# 第二节 关于畜牧业产业链

## 一、畜牧业产业链概述

畜牧业产业链是农业产业链的一种形式，但由于畜牧业是在转化种植业产品的基础上进行的经营活动，因而畜牧业产业链又有其不同于农业产业链（主要是指种植业产业链）的独特之处。由于畜牧业是以种植业产品为原料的，因而畜牧业产业链更长、也更为复杂。再由于畜产品的储存和加工要比种植业产品的储存和加工难度更大和更为复杂，畜产品的储存不仅成本高而且储存期也短，所以畜牧业产业链要比一般的农业产业链更为复杂一些。

畜牧业产业链是指与畜牧业初级产品密切相关的具有关联关系的产业群所组成的网络结构，其成员包括为畜牧业生产服务的科学研究部门和畜牧业生产资料的生产部门这些产前环节，畜禽饲养等中间产业部门，以及以畜产品为原料的加工业、储存、运输、销售等产后部门，也就是说包括了畜牧业的产前部门、产中部门和产后部门。

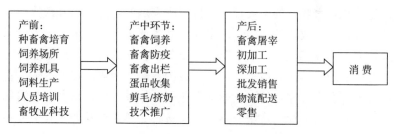

图 3-2 畜牧业产业链的主要内容

随着现代畜牧业的发展，畜牧业各经营部门的专业化程度已经普遍提高。为畜牧业提供原料的饲料行业在我国已经相当发达，而且许多饲料企业已经开始成为我国畜牧业产业链一体化的推动力量。畜牧业中的育种、防疫、屠宰、加工、储存、销售都已经有了

（续）

| 流程 | 步骤 | 认证机构 | 认证申请人配合工作内容 |
|---|---|---|---|
| 检查 | 检查通知 | 发检查通知 | 确认检查时间、检查组成员 |
| | 检查任务 | 给检查组下达检查任务书 | |
| | 检查计划 | 给申请人发送检查计划 | 确认检查计划并反馈到检查组长，准备现场检查 |
| | 现场检查 | 检查组实施现场检查 | 配合检查组做好现场检查 |
| | 样品采集（必要时） | 检查人员与申请认证者一起到现场采样、封样 | 确定时间，配合采样、封样 |
| | 样品检测 | 委托签约的具备资质的实验室检测 | 必要时传递检测报告 |
| | 检查报告、验证不符合报告 | 评价检测结果，形成检查结论，编写检查报告 | 对不符合的实施纠正，分析不符合的原因，制定纠正措施，纠正不符合项目 |
| | 认证推荐 | 提出推荐或不推荐建议 | |
| | 认证审查 | 审查所需文件资料是否完整 | 补充材料（如材料不完整） |
| 合格评定 | 合格评定 | 按照评定标准进行评定 | 补充材料（如需要） |
| | 认证批准 | 认证批准、颁发证书；不批准认证，发放通知；检查卷宗归档 | |
| | 颁证 | 发放证书和证书标志使用规定 | 按照合同规定交付费用、确认收到证书、按规定使用证书及标志等 |
| 监督管理 | 跟踪检查 | 根据认证机构的要求，实施不通知检查 | 接受不通知的检查 |
| | 变更（需要时） | 场地扩大或搬迁、产品类别扩大，检查依据变更 | 提出变更申请，确认相关费用，提供必要信息和文件，配合认证机构检查 |
| | 复　评 | 受理客户换证申请 | 证书有效期期满前 3 个月提出复审换证申请，与初次申请工作流程相同 |

相当高的专业化水平。而作为饲养主体的农户、农户群或农场已经成为畜牧业产业链之中的一个"车间"。

在我国由于饲养传统和资源状况的不同，已经形成了较为明显的畜牧业养殖优势区。比如东南沿海生猪优势区、西南生猪优势区、中原肉牛优势区、东北肉牛优势区、华北奶牛优势区、西北肉羊优势区、中东部农牧交错肉羊优势区等。在这些优势区，畜牧业生产经营的集中化程度比较高，畜牧业的每一个经营环节（畜牧业科研、畜牧业生产资料生产、畜禽饲养、畜产品加工、畜产品物流配送、畜产品销售等）的经营也都越来越集中，规模也呈现出越来越大的发展趋势。

伴随着中国现代交通运输业的发展（高速公路网、低温储运车辆的普及），畜产品的市场配置范围也越来越大，这使得集中于一地生产而面向更大范围销售成为可能。比如，山东生产肉鸡可以覆盖全国市场乃至东北亚市场和中东市场，华北奶牛优势区的奶产品可以覆盖全区域甚至远销到南方，西南生猪优势区的产品可以行销全国等。

畜牧业服务的社会化程度也在不断提高。随着我国畜牧业各经营部门的专业化、畜产品经营的集中化和畜牧业生产经营地域性特色显著化，畜牧业的服务社会化也成为发展的趋势。随着畜牧产业的发展，在畜牧业的产前、产中和产后各环节上所要求的服务也越来越多，并在客观上提出了畜牧业服务社会化的要求。世界上畜牧业发达的国家，比如荷兰、德国、英国、澳大利亚、美国等国，它们大多都有十分完备的畜牧业社会化服务体系。也正是由于它们具有完备的畜牧业社会化服务体系，其畜牧业产业的发展才有了可靠的保障。

畜牧业产业链的形成过程也就是畜牧业产业链一体化的过程。在畜牧业产业链中，各环节的一体化同样可以看作是不同节点的企业、机构或经营主体遵循经济理性原则互相的博弈行为的结果。当参与畜牧业经营的决策者出于获取长期利益的考虑，在决策中考虑其他人的利益时，就会把其他企业（或经营者）的利益也作为自己行动目标的一部分，他就会采取愿意与他人合作的态度。当畜牧业产业链上的几方都采取愿意合作的态度时，就可能达成有一定约束力的协议或共识，这样在畜牧业产业链的不同环节间才可能形成真正意义上的协作关系（这时的交易费用会较低），并进而实现畜牧业产业链经营的一体化。我们通常所说的畜牧业产业链就是通过各环节的经营者彼此合作所形成的一体化畜牧业产业链。

　　总之，畜牧业产业链是以畜牧业经营的专业化、集中化、地域化、服务社会化为基础的，并通过产业链条上相关联的节点企业（或经营主体）之间的紧密合作，以降低各自的交易费用，从而达到提高畜牧业产业运营效率和提高产业链上各主体的经营效益的目标。

## 二、畜牧业产业链构建的基础——畜产品供应链

　　与农业产业链构建的基础是农产品供应链相同，畜牧业产业链构建的基础也同样是畜产品供应链。畜产品供应链就是指，为了满足消费者和用户需求并同时实现畜产品价值，而进行的畜产品物质实体及相关信息从生产者到消费者之间的物理性经济活动，它是由畜产品生产者、畜产品加工企业、畜产品分销商、畜产品零售商以及相关的物流配送企业等成员构成的网链状体系。

　　具体地说，畜产品供应链是以畜产品为对象，围绕核心企业（或经营主体），通过对信息流、物流、资金流的控制，协调畜牧业生产资料供应商、畜禽养殖者、畜产品屠宰加工企业、畜产品中间商和畜产品消费者的利益，从饲料、兽药、种畜禽的采购开始，直至完成畜产品生产、加工、销售的一系列过程。畜产品供应链不仅是一条连接供应商、生产者到消费者的产品物料链，而且还是一条畜产品从原料、养殖到加工、包装、运输、销售等环节不断增加其价值的增值链，它还包括了畜产品从其生产原料到其产品销售整个过程中的信息链（或称信息流）。

## （一）畜产品供应链的结构

一般而言，畜产品供应链由所有加盟的节点企业（或经营主体）组成，其中一般有一个核心节点企业（可以是饲料供应商、畜禽饲养者联合体、屠宰加工企业或畜产品销售机构等），节点企业在需求信息的驱动下，通过供应链的职能分工与合作（生产、分销、零售等），以资金流、物流和商流为媒介实现整个供应链的不断增值。畜产品供应链的基本模型如图 3-3 所示。

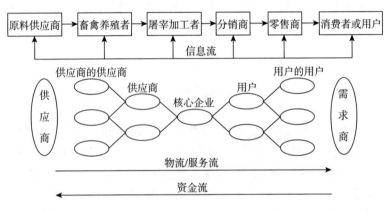

图 3-3　畜产品供应链的网络结构

具体的一条畜产品供应链一般由以下四个环节的节点企业（或经营主体）构成：生产资料的供应环节、畜禽饲养环节、屠宰加工环节以及畜产品销售环节。具体的每一条畜产品供应链都是由畜产品的物流、信息流、资金流贯穿连接而形成的，其基本结构如图3-4 所示。

## （二）畜产品供应链的要素企业

在畜产品供应链中，要素企业主要分为以下五大类：

### 1. 供应商类型的企业

主要包括饲料供应商、种畜禽供应商、兽药供应者以及疫病防

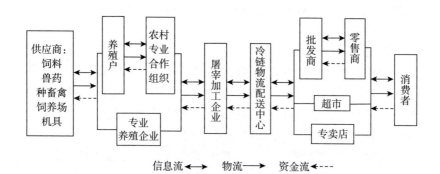

图 3-4　畜产品供应链中物流、信息流、资金流的基本结构

疫和治疗机构。饲料供应商必须保障饲料安全和达到一定的营养标准，种畜禽供应商要为饲养者提供优质的畜禽来源以保证养殖环节的效率，兽药供应者以及疫病防疫和治疗机构则要为畜禽饲养环节提供良好的服务，以保证畜禽的健康成长。

**2. 生产养殖企业**

主要是指规模化的畜禽养殖企业或农村养殖专业合作组织（主要由分散饲养的农户组成）。生产饲养者必须要遵守动物防疫规定、饲养卫生规定和保障食品安全的相关规定，这样才能使屠宰和加工企业获得安全的原料来源。

**3. 畜禽屠宰加工企业**

相当于产品制造业，是畜牧业产业链中的重要环节，可以检测活畜禽产品的安全情况同时也必须保障其产出品的食品安全情况。这是畜产品供应链中的重要环节。为了适应市场竞争，这些企业一般都会致力于生鲜产品和深加工产品的开发和市场拓展，同时，这些企业也必然承担起保障市场销售食品安全的责任并为其产品提供售后服务。

**4. 冷链物流配送企业**

是指专门提供畜产品的冷链物流配送服务的企业。这些企业必须具备高效的冷链物流配送的条件，以保证畜产品在流通配送环节不变质、不过期，对于那些生鲜产品还必须保证其在到达市场时仍然具有新鲜度。

**5. 畜产品销售企业**

主要包括各类批发商和零售商（超级市场、畜产品专卖店、农贸市场的摊贩等），这些销售主体把畜产品卖给最终的消费者或用户。在销售过程中，畜产品销售企业要保证为市场提供符合食品安全卫生标准的产品，这是保障市场销售的前提。

总之，畜产品供应链由这五大类企业（或经营主体）构成，它们充当着加盟企业的角色并购成供应链上的节点。在每一条畜产品供应链上，总有一个核心企业存在，这个核心企业可以是饲料供应商，可以是屠宰加工企业，可以是大规模的畜产品销售机构，当然也可以是由分散饲养的农户组成的农村养殖专业合作组织。核心企业是畜产品供应链的龙头，一般都是由它联络和主导形成畜产品供应链，并在畜产品供应链中起着重要的驱动作用。这种驱动作用表现为率先探查市场信息，带动节点企业在需求信息的引导下，通过发挥畜产品供应链的职能（彼此分工与协作），以资金流、物流、信息流为媒介实现整个畜产品供应链的不断增值。

## （三）畜产品供应链的层次结构

职能分工和专业化的安排决定了畜产品供应链的组织层级，根据畜产品供应链的组织形式，可以将畜产品供应链体系分为三层，如图 3-5 所示。其中第 I 层为企业层，是组织畜产品流通的供应链结点，它实现着不同的物流功能。第 II 层和第 III 层为分类层，由于供应链类型的不同，其流通模式也不尽相同，因此还需要进行分类研究。

从图 3-5 可以看出，畜产品供应链中的物流、信息流、资金流和商流都是以线性化方式运动的，但畜产品供应链的结构却是复杂的和具有层次性的网状结构。

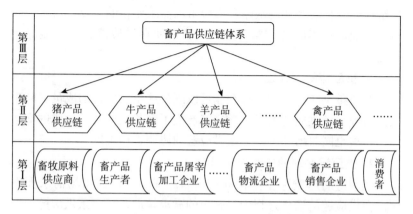

图 3-5　畜产品供应链的层次结构（三层体系）

## 三、畜产品供应链的特点

### （一）供应链的一般特点

从供应链的一般结构或畜产品供应链结构模型可以看出（图 3-3），供应链是一个网链结构，由围绕核心企业（或经营主体）的供应商、供应商的供应商和用户，以及用户的用户组成。一个企业（或经营主体）就是一个节点，节点企业和节点企业之间是一种需求与供应的关系。一般供应链都具有以下几个特点。

**1. 供应链的复杂性**

因为供应链上节点企业组成的跨度（层次）不同，供应链往往由多个、多类型、多地域的企业构成，所以供应链结构模式要远比一般单个企业的结构模式更为复杂。

**2. 供应链的动态性**

供应链作为一个系统会随着时间的推移而发生变化。作为一条供应链，即使其能够较为准确地预测市场需求，其计划过程也需要考虑在一段时间内由于季节变化、市场波动、趋势改变、广告和促销、竞争者的策略等因素所引起的需求和成本参数的不断变化。供应链还要因核心企业的战略和适应市场需求变化的需要，对其中的节点企业进行不断地调整和更新，这就使得供应链具有明显的动态性。

**3. 供应链的交叉性**

在一条供应链上的节点企业可以既是这条供应链的成员，同时又是另外一条供应链的成员，这就产生了多条供应链所形成的交叉结构，这也同时增加了每一条供应链的协调管理难度。

**4. 供应链必须面向客户需求**

供应链的形成、存在和重构，都是基于一定的市场需求而发生。在供应链的运作过程中，客户的需求拉动是每一条供应链中信息流、产品/服务流、资金流运作流的原始驱动器。因此，掌握客户需求对供应链来说是十分重要的。

## （二）畜产品的特点

畜产品属农产品的范畴，与工业产品有着明显的不同，它有其自身的生长周期和生长条件，这主要表现为畜产品的生命特性。

（1）由于生长的周期特性，因而呈现出季节性与不稳定性。畜产品的生产过程是人类借助于动物自身来转化植物产品而产生动物性产品的过程，其生产易受到自然环境和自然资源的限制，因此畜牧业生产具有明显的季节性。但消费者对畜产品的需求却是稳定的，而且是周年性的。因此，为了调节畜产品在供给时间和需求时间上的错位，就要求畜产品物流必须具有较长期低温储存或加工、低温运销等服务条件。

（2）由于畜产品生产的地域特性特点，又呈现出畜产品生产分布广而且生产相对分散的特点。畜产品的生产是分散在广大的空间范围内进行的，遍布我国广大的乡村和草原。而且，畜产品生产易于遭受的自然灾害的影响，生产量难以稳定。因此，就更要求畜产品物流具备良好的运输条件和仓储调节功能，以调剂市场总量的余缺和不同地域市场的供需余缺，最终实现稳定市场供应的目标。

（3）由于畜产品质量的差异性，因而使得畜产品难以适应市场销售的标准化要求。畜产品的生产对象皆为有生命的动物，它们需要一定的生长时间、成长空间和相应的饲养条件，人们无法完全控制其自然生长过程，也无法做到畜产品质量和规格的完全一致。因此，在屠宰、加工、运输和销售之前，需要对畜产品进行逐次的分级以实现产品的相对标准化，这同时也就对畜产品的供应链提出了更为苛刻的要求。

（4）动物产品要比植物性产品更难以储存，由于畜产品的易腐性，因而就对物流条件提出了更高得要求，这同时也增加了畜产品的物流成本。食品类畜产品一般都是生鲜易腐的，产品的货架周期很短。为了保持产品新鲜度以及品质，在畜产品储藏期间和运输途中都需要有良好的低温与保鲜技术，在加工环节也需要急速冷却技术和低温加工作业环境，这就对畜产品供应链在技术上提出了很高的要求，这也是畜产品物流成本高于其他产品的重要原因。

## （三）畜产品供应链的特点

由于畜产品的自身特性，以及畜产品在生产、加工、运输、销售的过程中对产品质量、作业条件、储运条件与服务质量的严格要求，使得畜产品供应链表现出极大的特殊性。

### 1. 畜产品供应链受自然条件的影响较大

畜产品供应链中包含着畜产品的生产过程，畜产品生产具有地域广阔、季节性强、周期性强等特点，其生产与自然环境密切相关、受气候条件的影响很大，因此，畜产品供应链在满足市场的多样化需求等方面，需要付出的努力会大大超过一般制造业产品（工厂化生产的产品）的供应链。

### 2. 畜产品供应链的不确定性较大

畜产品供应链的不确定性，是由于其供应商的不确定性和畜牧业生产的不稳定特点决定的。畜牧业生产会受到自然风险、政策风险、市场风险的多重影响。目前，我国畜产品生产大多都会受到畜产品生产资金不足、参与畜产品生产的劳动力文化水平偏低、畜牧业技术人才不足、畜牧业经营管理水平较低、畜产品市场运行不稳定、消费者消费行为不确定等因素的影响。随着我国居民收入水平的不断提高，畜产品的种类和产品品种也日益增多，畜产品的流通渠道也日趋复杂，消费者对畜产品的品种、包装、质量安全性、保健性等方面显示出了更多的关注，其购买偏好和购买习惯也更加难以预测，这些因素又加剧了畜产品市场需求的不稳定性。

### 3. 畜产品供应链要求其物流更加快速

畜产品供应链中的原料生产（主要是植物生长和进一步的饲料加工）和饲养环节（主要是动物生长）都有其由生物学特性决定的特定周期。而其屠宰、加工、储运和销售环节，又由于其产品的易腐性而要求其物流必须更加快捷。因此，这就要求畜产品供应链在屠宰和加工之后的各环节都要尽可能快的流动，从而保障畜产品的安全卫生要求，同时也可以借助于加快流动而减少畜产品储存和运输的时间，借此来降低畜产品的储运成本（时间越快，储运成本越低）。

### 4. 畜产品供应链的复杂性

从畜牧业原料供应和畜禽养殖一直到最终的畜产品零售和消费，畜产品以其供应链条长为重要特征。畜产品供应链要覆盖种植、饲料加工、养殖、屠宰、加工、物流配送、畜产品销售流通以及消费等八个环节。因此就使得畜产品供应链要长于种植业产品供应链，这就带来了畜产品供应链的复杂性特点。一般来说，供应链越短其运作效率越容易提高，供应链越长其运转效率越难以提高。因此，畜产品供应链由于其长度而极大地增加了其复杂性。

## 四、畜产品供应链的分类

### （一）按照分布范围进行分类

按照畜产品供应链的分布范围不同可以分为企业内部供应链、集团供应链、扩张的供应链和全球网络供应链。

### 1. 企业内部供应链

在每个畜产品生产加工企业（或经营主体）里，不同的部门都在物流中参与了增值活动。比如，采购部门是经营资源的来源部门，养殖生产加工部门是直接增加产品价值的部门，管理客户订单和送货的是物流配送部门。市场上畜产品的开发和设计是由企业计划部门完成的，它们也参与了产业链增值活动。这些部门都被视作畜产品供应链业务流程中的内部客户和供应商。畜牧企业内部供应链管理主要是控制和协调物流中部门之间的业务流程和活动。

**2. 集团供应链**

一个集团可以在不同的地点进行饲养、生产、加工并且对过程实现集中控制，进而通过其占有的市场区域和本地仓库网络配送畜产品。这种情况由于业务活动涉及许多企业或部门，因而形成了一种形式上的集团供应链。在供应链中每个企业（或经营主体）都有自己的独特位置。一个企业（或经营主体）有一个物流向下游的客户供给链和从上游向下的供应商的供应链。大量的信息在节点快速地传递，畜产品供应链上的业务流程也通过信息的流动而实现集成。

**3. 扩展的供应链**

畜产品扩展的供应链表现为参与从畜禽（原料）到最终用户的物流活动的企业（或经营主体）日益增多，这种趋势在生产最终产品企业的供应和配送活动中尤为明显。扩展供应链复杂的网络包含着几层供应商结点，这些供应商在供应链中各自从事着增值活动。同样的，分销商网络能够把畜产品带到更远的消费者手中。随着畜产品供应链的延伸，供应商和最终用户之间的距离也在不断拉大，初级畜产品和加工畜产品的个性化程度也在逐渐提高，供应商与客户之间的关系也会更加紧密。总之，供应商和客户之间交易成本的增加是供应链管理的主要压力，而扩展的供应链正是在个性化生产、生产周期的缩短和业务量的增加等因素影响下，迫使企业必须实现物流同步，由此成为一个联结着供应商和分销商的复杂供应链。

**4. 全球网络供应链**

互联网的应用以及电子商务的出现，彻底改变了畜牧业产业链的商业经营方式，也改变了现有畜产品供应链的结构。以互联网为基础的电子商务转换、削减、调换了在传统购买、出售、交易等方面投资的实体资产，通过省略销售过程的中间商来压缩供应链的长度，使得在电子商务平台上运作畜产品供应链成为可能，由此实现了畜产品供应链相对低成本的扩张，使交易伙伴之间进行实时数据存取、传递和结算变得更加简便。在未来全球网络供应链中，企业（或经营主体）的形态和边界将产生根本性的变化，整个供应链的协同运作将取代传统的电子订单，供应商与客户之间的信息交流和经营协调将变成一种交互式的协同工作。

## （二）按照供应链的主体分类

各畜产品经营主体的特定性和其在供应链中的地位决定了不同经济主体作为核心企业（或经营主体）所形成的供应链结构是有差别的。目前我国常见的畜产品供应链的经营主体一般可以分为屠宰加工商、批发商、零售商和各种形式的饲养者合作组织，相应地也就形成了以不同经营主体为核心来构建的畜产品供应链。

### 1. 以畜产品屠宰加工企业为主体构建的畜产品供应链

以畜产品屠宰加工企业为主体构建的畜产品供应链相对比较复杂，其供应链的结构形式也比较多样，但其基本结构如图 3-6 所示。

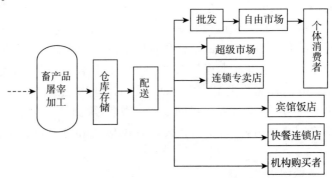

图 3-6　以屠宰加工企业为主体构建的供应链

**2. 以畜产品批发商或零售商为主体构建的供应链**

畜产品批发商在供应链结构中一般都承担物流配送功能，其形成的供应链结构一般取决于畜产品的特征、加工商所选择的渠道、消费者的购买渠道情况以及批发商的营销策略等。图 3-7 为以畜产品批发商为主体构建的供应链的结构形式。在所表示的四种结构中，对消费者来说最典型的就是批发商-零售商-消费者结构。绝大多数经过屠宰加工后的畜产品都是通过批发商或零售商进入最终市场的。

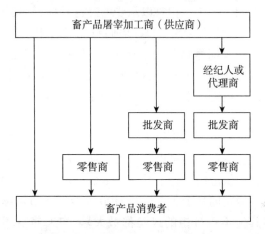

图 3-7　以畜产品批发商或零售商为主体构建的供应链

在这种以渠道为主体的结构中还存在着大量的不确定因素，这些因素又主要取决于畜产品生产、屠宰、加工、消费者以及供应链其他成员的观点和看法等。供应链原本的整齐结构经常会被不可控的因素打乱，因而就会出现商品交易呈现无序的状态。

**3. 以饲养者合作组织为主体构建的供应链**

饲养者合作组织通常的表现形式也就是畜牧业专业合作组织、由农户组成的养殖业技术协会、畜产品销售合作社或是畜牧业养殖小区。由于目前我国农村的畜禽养殖户一般规模都比较小，它们不可能单独在市场经济环境下获得市场交易中价格影响力。因此，只有组织起来形成较大的经营规模和产品规模在市场上集体竞价，才可能获得一定的价格影响力。也只有当农户能够获得相对合理的畜产品出售价格时，农户才能通过经营来获利增收，畜产品市场也才获得了长期稳定供给的保障。我国近年来经历了畜产品市场的屡次价格波动，其背后的深层次的原因其实就是市场没有能够给农民发展养殖业一个较长时期稳定获利的信心。"能获利就养、不能获利就杀"，农户的无奈行为源于分散的农户完全没有市场价格发现的发言权（假如农户能够对畜产品价格有一定的影响力，而这种影响力可以维系他们不至于承担难以承受的经营亏损，那么中国的畜产品市场供给一定是长期稳定的），他们只能通过组织起来、扩大自身的实力，在购买饲养原料的环节有能力讲价，在出售商品畜禽时有能力保障自身获利。因此，各级政府大力扶植以饲养者合作组织为主体构建的供应链的发展，应该成为保障我国畜产品市场供给稳定的基本举措。

总之，以饲养者合作组织为主体构建的供应链，向前可以连接饲养原料的供应商，向后可以连接屠宰加工商和各类畜产品销售机构，这样构建的供应链理论上看应该是最稳定的。因为畜牧业整个产业链中最不稳定的环节就是养殖环节（养殖环节持续时间最长、自然风险和其他不可抗拒的风险都最大），如果养殖环节稳定了，整条产业链也就稳定了。

### （三）按照畜产品类别进行分类

按照畜产品的类别可以分为生猪产品供应链、乳制品供应链、肉牛产品供应链、肉羊产品供应链、肉禽产品供应链、肉兔产品供应链等。不同的畜产品类别依据其产品的特征、生产加工商所选择的渠道以及消费者的购买渠道等又形成众多不同形式的供应链结构。

## 第三节　畜牧业产业链上的畜产品食用安全问题

保障畜产品质量与食用安全就是指要在畜牧业产业链的各个环

节实行监控制度，以实现畜产品从原料到最终上市产品的全程质量与安全监控。各环节的经营者要针对畜产品的形成和发展过程，在各个经营环节严格监控畜产品的质量与安全状况，并规范各个经营环节在畜产品质量与安全方面的职责，以保证畜牧业产业链层面上的畜产品质量与食用安全。

畜产品的质量与食用安全问题包括畜禽品种质量问题、饲料质量与安全控制、饲养过程的质量与安全控制、畜产品加工品的质量与安全控制、畜产品流通过程的质量与安全控制。强化畜产品质量与食用安全管理，需要做好各环节质量与安全标准的建设工作、质量与安全信息的收集工作、质量与安全教育工作、质量与安全监督和检查工作等。

## 一、畜禽品种质量监控与管理

我国畜禽遗传资源丰富，根据畜禽品种资源调查及 2001 年品种资源审定委员会审定，我国有畜禽品种和类群 576 个，约占全球已知畜禽品种的 17% 左右。1998 年我国实施了畜禽种质资源保护和"畜禽良种工程"建设项目，抢救了一批濒危和濒临灭绝的珍稀品种，保存了大量原始品种和种质素材。自从新中国成立以来特别是改革开放以来，我国也培育出了一大批畜禽新品种和配套系。但总的来说，由于我国长期追求畜产品数量的增长，因而普遍存在着"重引进、轻培育，重改良、轻保护"的现象，结果造成品种混杂、资源流失现象严重。

近百年来，全世界范围内畜禽品种数量都呈现出逐渐下降的趋势，比如，全球有 450 个地方牛品种绝迹，近 60 年间又有 70 多个绵羊品种灭绝或濒临灭绝。据不完全统计，全国有约 40% 左右的地方品种群体数量有不同程度的下降。我国保护与选育畜禽品种的指导思想是以市场为导向，认真贯彻"积极保护、合理利用、强化选育、提高质量"的方针，要努力实现"资源常在、永续利用"的目标。

在畜禽品种经营和饲养经营中，要依法管好、用好畜禽品种资源，认真贯彻执行《中华人民共和国畜牧法》《中华人民共和国进出境动植物检疫法》《中华人民共和国种畜禽管理条例》和农业部《种畜禽管理条例实施细则》，以及各级地方政府制定的种畜禽管理办法等法规，依法管理好、利用好品种资源。

## 二、饲料质量与安全的监控和管理

饲料经营处在畜牧业产业链的产前环节，饲料是畜牧业经营的基础，也是畜牧业发展的命脉。我国近年来配合饲料工业发展迅速，各种各样的饲料产品日益增多，这为我国的畜牧业发展奠定了良好的基础。但是，饲料的质量与安全问题也不容忽视，必须引起高度的重视。只有保证了饲料的质量与安全，我国畜产品的质量与安全才有了可靠的基础。1999 年国务院就颁布了《中华人民共和国饲料和饲料添加剂管理条例》，在 2001 年又对其进行了修订，这是我国为保证饲料的质量与安全而对饲料生产进行管理的基本依据。

### （一）对饲料原料质量的监控

饲料原料的质量是饲料产品质量的基础。在影响配合饲料产品的诸多因素中，对其原料的质量控制显得尤为重要。

首先，要按照《饲料和饲料添加剂管理条例》的要求，制定经营企业的原料选择标准，严格控制原料的采购环节，在签订原料采购合同之前，最好对原料生产企业的状况及生产工艺有所了解。

其次，在原料储存期间还要进行质量控制，入库原料应按规定位置堆放整齐，高度和宽度要适当，要遵守"先进先出、推陈出新"的原则，每天对仓储的原料进行盘点、核对、检查，保持仓房通风干燥，并预防虫害、鼠害、鸟害的发生。

第三，对购进的原料在投入生产之前还要进行质量检验（比如，进行取样分析），一旦发现有质量问题，就应立即停止使用，查明原因并对原料另行处理。

### （二）对饲料生产过程的监控

饲料生产过程主要包括清理、配料、粉碎、混合、制粒、包装这几个环节，其中的每一个环节都与饲料产品的质量密切相关。

清理就是对主原料进行清杂和除铁处理。配料时首先要对配料秤、成品包装秤等计量器具进行检验，这样才能保证对配料的各种成分能够精确把握。粉碎环节应选用适当规格的筛板，并经常检查筛板是否被损坏，这样才能保证粉碎的质量。为了保证饲料的混合均匀度，就应严格按照生产饲料产品所规定的混合成分和添加时间进行生产，并对饲料的混合均匀度进行定期检查。

混合之后就要进行制粒，制粒时应经常检查饲料产品的品质、外观、颗粒大小、气味等，力求最终压制出的颗粒符合饲料质量标准。最后还要进行包装，每个批次的成品都应校磅一次，每 25 包抽磅一次，抽磅次数应根据批量大小进行调整。饲料包装时，还要进行在包装前最后一次取样化验，包装袋必须标明饲料的生产日期和生产批号。

### （三）对出厂后饲料产品的质量监控

饲料成品在仓库内的储存温度最好是低于 20℃，储存期限不得超过一周，逾期应对饲料作回制处理。出厂后的饲料最好能在一周至两周内用完，最长不得超过三周。启封后（打开包装袋之后）的饲料应在当日或翌日用完，拆封后包装袋内的剩余饲料应隔绝空气，并置于阴凉通风处妥善保管。

## 三、畜禽饲养过程的质量监控和管理

### （一）保持畜禽饲养环境卫生

保持良好的环境卫生，是对畜禽饲养管理的基本要求。首先，畜禽养殖场要科学选址，选择饲养场场址时，应根据养殖场综合经营方式、经营规模、生产特点、饲养管理方式等特点，对地势、地形、土质、水源以及居民点分布等条件进行全面的考察。

良好的养殖场环境条件标准包括：①保证饲养区域具有较好的小气候条件，这将有利于畜禽舍内空气环境的控制；②养殖场的环境要有利于严格执行各项卫生防疫制度和措施（比如，远离人群、远离生活居住区域、远离水源地、便于隔离等）；③养殖场的环境要便于组织生产，有利于提高饲养设备利用率和工作人员的劳动生产率。

其次，是养殖场内布局要合理。要在选好的场地上进行分区规划以确定各生产区域、建筑物布局等，这是建立良好的畜禽饲养环境和组织高效率饲养的基础。养殖场分区规划时，应从人畜保健的角度出发，考虑地势和主风向，做到科学合理地安排，以保证畜禽饲养场的生产经营便捷、卫生防疫状况良好。一般畜禽饲养场的建筑物以坐北向南为宜，各建筑物的布局应突出对土地的经济利用，还要尽量缩短运输距离，以便于生产经营。

第三，还要做好畜禽养殖场的环境保护工作。畜禽饲养场的环境保护工作既要防止畜禽饲养场自身对周围环境的污染，又要避免周围环境对畜禽养殖场的危害。要合理规划畜禽饲养场，做好饲养场废弃物的处理和综合利用。畜禽饲养中的废弃物如粪尿、污水、病畜禽等，都会对空气、水、土壤等造成一定的污染，因而必须对其妥善处理，以避免其产生对环境的危害。

## （二）对畜禽进行科学的饲养管理

科学的畜禽饲养管理是维护畜群健康、增强畜禽抗病能力、保持畜禽正常的繁殖机能、不断提高畜禽的生产性能所必需的基础工作。

科学的畜禽饲养管理首先要根据不同畜禽种类的生理特点和生物学习性，进行不同的饲养，还要根据畜禽所处的不同生长阶段，科学安排饲养工作。其次要做好畜禽日粮的合理搭配，不同的畜禽有着不同的营养需要，同一畜禽在不同的生长阶段其营养需要也不相同。因此，日粮中精粗饲料的比例要适宜，力求做到营养平衡。第三还要坚持正确地饲养程序，科学合理地安排每天的饲喂次数和正确的饲喂顺序，不断提高畜禽饲养的经济效益。另外，还要保证畜禽获得充足的饮水，水是维系畜禽正常的生理机能所必须获得的物质，饮水不足或水质不符合标准，都将会影响到畜禽的健康和生产性能。

### （三）做好畜禽保健工作

畜禽都是有生命力的活动物，在饲养管理中必须要做好其保健工作。首先要加强畜禽检疫工作，特别是在规模化畜禽饲养中，必须要按照畜禽饲养期的长短及流行病发病特点进行定期与不定期的检疫。其次要做好免疫接种工作，要做好畜禽的定期预防接种，这是控制畜禽疫病的最重要的（也是最基本的）措施。

另外，还应根据不同疾病及畜禽的发病规律，做好疫病预防工作。具体的工作内容包括：①做好畜禽舍卫生，搞好饲养场周边的环境卫生，这有利于控制和切断传染源，要及时淘汰处理易感动物和带菌动物，并采取消毒、隔离、封锁等措施，从根本上控制疫情传染途径；②科学合理地使用抗病药物，为预防畜禽疾病，可在饲料中添加某些药物（必须是符合《饲料和饲料添加剂管理条例》规定的），实践证明这对遏制某些疾病是有效的，但这种措施不能根除疾病；③积极治疗普通常见病，这主要是针对影响畜禽生产的某些普通疾病，但当遇到某些重大疫情时，必须依法采取强制灭杀的措施。

总之，在畜禽饲养经营中，要严格遵守《中华人民共和国畜牧法》《中华人民共和国种畜禽管理条例》《中华人民共和国动物防疫法》《中华人民共和国兽药管理条例》等法规，以确保畜禽饲养过程的质量与安全。

## 四、畜禽产品加工环节的质量监控和管理

畜产品主要包括肉、蛋、乳、皮、毛、绒等，畜产品的副产品

包括羽毛、血、骨、蛋壳、内脏等，它们作为重要的工业原料，极大地促进了我国食品工业、制革工业、毛纺工业、医药工业和饲料工业的发展。

在食用类畜产品加工过程中，经营企业必须要遵守 2009 年 2 月全国人大颁布的《中华人民共和国食品安全法》的规定，以确保加工畜产品的食用安全。首先，在处理和加工畜产品前要进行认真的验收，畜产品的来源不同，其检验项目也不尽相同。比如，对确知来源的畜产品，检验时可以偏重感官检验；而对来源不定或情况不明的畜产品，则应作详细检验和检查，以确保其不会形成食品安全隐患。

其次，运输和储存也是畜产品加工过程的必经环节。畜产品如果运输和储存不善，则会在加工过程中造成很大的损失。因此，应根据路途的远近选择适宜的运输工具和储存方式，选择最佳的运输线路，保持运输容器和储存空间的清洁，以防止食品安全事故发生。

总之，畜产品加工企业必须按照《中华人民共和国食品安全法》的规定，严格监控畜产品加工的质量和食品安全情况，以确保我国城乡居民的食品安全。

# 第四章
# 我国畜产品食用安全概述

畜产品特别是食用畜产品与人民日常生活关系极为密切，是我国民众食物结构中重要的蛋白质来源。但是近年来我国的畜产品市场却并不稳定，其中经历了 2007 年的"生猪涨价风波"，2008 年的"三聚氰胺奶粉风波"、数次的"瘦肉精猪肉风波"，还有饲料环节的抗生素滥用、违禁添加剂使用等，再加上各种畜禽疫病时有发生，以及近期的人感染 H7N9 禽流感事件，这使得我国的畜产品市场愈加难以稳定。

事实上，由于舍饲畜牧业受季节性影响相对较小，其经营对于土地资源的依赖相对较小，因而畜牧业是我国农业中企业化经营程度最高的产业。未来只有各级政府强化对于畜牧企业的监管，畜牧企业狠抓经营管理，提高其自身的经营管理能力，很好的组织起小规模经营的农户，才能有效提升畜牧企业的经营效率和经营收益，并在此基础上实现畜产品供给稳定和畜产品的食用安全。因此，从涉农企业管理的视角研究畜牧产业经营管理问题和保障畜产品食用安全问题有着十分重要的现实意义。

## 第一节　保障生鲜畜产品食用安全的意义

尽管我国农户畜牧业经营规模小、分散度高，但几乎所有的畜产品都要经过规模化的屠宰和加工环节才能进入消费市场，因此，追寻其根由，畜牧业产业链上的中后端企业（屠宰、加工与销售企业）本应承担更多的保障食品安全的责任。但事实上正是由于它们的管理疏漏和政府监管的缺失，才使得畜产品市场问题频出。未来要保障畜产品的市场稳定和食用安全，就必须强化畜牧业产业链中后端企业的管理，这样既能提高畜产品的市场稳定性和食用安全性，也能提高畜牧企业的经营效率。

在我国居民消费的畜产品中，生鲜畜产品所占的比重很大，而保障生鲜畜产品的食用安全要比保障其他类型的畜产品消费安全难度更大。生鲜畜产品从畜禽宰杀到消费的周期短，产品需以生鲜状态从屠宰加工厂在短时间内流通到消费者手中，因而对于储运条件要求高，一般需要采用冷链物流才能保障其在流通过程中保持品质并实现消费安全。总之，保障生鲜畜产品的食用安全，不仅需要在饲料和投入品环节、畜禽饲养环节、屠宰加工环节保障畜产品的质量安全，而且还需要在流通和消费环节采取相应的措施，才能最终保障生鲜畜产品的食用安全，因此，其保障生鲜畜产品食用安全的难度大、要求高。

## 一、保障生鲜畜产品质量安全意义重大

"民以食为天，食以安为先"。食品安全问题关系国计民生，是国家稳定和社会和谐发展的首要问题。我国是畜产品的生产大国，也是生鲜畜产品的消费大国。随着我国人均生鲜畜产品消费水平的提高，人民群众对生鲜畜产品的质量安全要求也越来越高，"食以安为先"的要求也显得越来越迫切。因此，全面提高我国生鲜畜产品的食品安全保障水平，已成为我国经济社会发展中一项重大而紧迫的任务。

食用畜产品是我国仅次于粮食的第二大基本食品，在食用畜产品中，生鲜猪肉、生鲜牛肉、生鲜羊肉又占到其消费量的绝大比重。也就是说，在我国人民的肉类消费中，主要的消费形式就购买生鲜肉。因此，生鲜肉类产品的质量安全一旦出现问题，不仅直接危害到消费者的健康乃至生命安全，也会严重影响到消费者对于生

鲜肉品市场的消费信心和对于政府监管能力的信任，甚至还会影响到国家的稳定和社会的和谐发展。

保障生鲜畜产品消费安全之所以难度大，其原因还与我国现阶段畜牧业的经营方式有关。我国畜禽饲养普遍存在饲养主体多、饲养规模小、经营比较分散的现实问题（即所谓"点多面广"），对饲养环节实施质量安全监管的成本高、监督难度大。另外，由于我国对于畜牧业产业链长期以来一直实行不同部门分段管理（比如，曾经是农业部管饲养、轻工部管屠宰、商务部管流通、食药局管质量安全等），结果就使得保障生鲜畜产品质量安全的政策法规政出多门，政策法规也难以系统化和体系化。有些政策法规的作用重叠，有些政策法规难以实现预期的效果。总之，政策法规数量很多，推出的角度不同，但实施的效果往往不尽如人意。

顺应我国建设"安全农业"的要求，为保障我国生鲜畜产品质量安全可靠、数量满足市场消费需求，有必要全面提高各级政府对于生鲜畜产品质量安全的保障水平，而且必须要建立和完善有效的生鲜畜产品质量安全监管体系。另外，近年来我国食品安全问题频发，这对于畜禽养殖场、畜禽疫病防控、畜产品质量安全监控也提出了更高的要求。因此，探索和推广健康安全的畜禽养殖模式，完善畜禽疫病防控机制和畜禽产品药物残留控制技术，就可以大大降低生鲜畜产品的质量安全风险，并能从源头上更好的保障生鲜畜产品的质量安全。

## 二、保障消费集中度高的大城市生鲜畜产品消费安全尤为关键

按照国务院最新发布的《关于调整城市规模划分标准的通知》，城区常住人口在 1 000 万以上的城市为超大型城市，城区常住人口在 500 万～1 000 万的为特大城市，城区常住人口在 100 万～500万的为大型城市。按照这一标准，我国共有 6 个超大型城市，分别为北京、上海、广州、深圳、天津、重庆；有特大型城市 30 个左

右；还有大型城市近 200 个。

如果我们把这三类城市都统称为"大城市"，其人口总量就占到了全国总人口的一半以上。在大城市由于城区聚居人口数量过大、人口密度大、消费强度大，因而在保障其生鲜畜产品消费安全上难度就大（保障数量安全难度大、保障质量安全难度也大）。在大城市，突发事件敏感度更高，食品安全事件影响极大。因此，保障我国大城市生鲜畜产品消费安全意义特别重大。

大城市生鲜畜产品消费集中度高、消费密度大，外来生鲜畜产品的供给比重大，而且外来生鲜畜产品对于稳定大城市畜产品消费市场十分重要。以北京为例，对于北京畜产品市场而言，必须监控畜牧业产业链前端的投入品环节和饲养环节保障畜产品质量安全举措的落实情况，并强化畜牧业产业链上的中后端企业（比如屠宰、加工与销售企业）质量安全管控情况，只有实施全产业链的畜产品质量安全控制，才能保障北京市场畜产品的质量安全。

要在全产业链上监督和管控影响畜产品质量安全的每一个因素，这是一项落实难度很大的系统工程。因为北京市场多数畜产品产业链前端（投入品环节和养殖环节）在其他省市，而后端在本市。因此，只有通过强化产业链后端企业对于前端经营的质量安全控制，才有可能保障北京市场生鲜畜产品的质量安全，也才能真正实现北京市场生鲜畜产品的安全和稳定供给。

各大城市的生鲜畜产品供给与消费特点具有一致性，都是畜禽养殖量小于生鲜畜产品的消费量，必须借助于域外的畜禽饲养基地提供生鲜畜产品，这就增大了大城市生鲜畜产品的供应风险和食品安全风险。各大城市的市民对于生鲜畜产品安全的要求也是一致的，都希望生鲜畜产品消费具有安全保障（即没有食品安全风险），市场提供的生鲜畜产品能实现消费层级化（即生鲜畜产品种类丰富、档次齐全），而各地的经营者则希望能够在更好的满足市场需求的同时也实现畜产品的"优质优价"。我国各级政府对畜禽产业管理的法律法规也基本一致。在相同的法律法规背景和相近的经营环境下，某一个大城市对于生鲜畜产品质量安全过程控制及可追溯体系的创新研究与应用实践，必然会对其他大城市产生一定的影响和借鉴意义。

# 第二节 保障畜产品食用安全的理论体系

本节以对畜牧经济学、畜牧企业经营管理、涉农企业管理、畜牧业产业链管理、畜产品市场与政策等专题研究为基础，试图探索和构建关于畜牧业全产业链质量安全管控以及生鲜畜产品全程可追溯体系的相关理论，以求通过理论指导实践，形成新的保障生鲜畜产品质量安全的企业经营管理模式，以促进我国畜产品质量安全保障体系的建设。

关于畜牧业全产业链质量安全管控以及生鲜畜产品全程可追溯体系的相关理论包括五个部分：生鲜畜产品全产业链质量安全管控理论、生鲜畜产品的消费者中心理论、生鲜畜产品质量安全全程可追溯理论、生鲜畜产品产业链技术集成创新理论和安全畜产品生产经营模式创新理论。

## 一、生鲜畜产品全产业链质量安全管控理论

生鲜畜产品全产业链涵盖了与畜牧产业相关联的产业群所组成的网络结构，其成员包括为畜禽养殖提供服务的科研部门和提供生产资料的产前部门，从事畜禽饲养的中间产业部门，以及以畜禽和畜禽产品为原料的加工业、储存、运输、销售等产后部门。生鲜畜产品全产业链质量安全管控理论，强调产业链各环节之间通过构建"责任—诚信"体系，来实现产业链各环节间的信息共享和质量安全责任的无缝链接，这对于各大城市保障生鲜畜产品的质量安全有着重要的现实意义。

因为大城市都是畜产品的本地养殖量远远小于畜产品的本地消费量，在产业构架上一定是以外地养殖、本地屠宰—加工—消费为特点。只有通过对于外地养殖基地的畜禽在投入品质量、饲养过

程、动物健康、卫生控制、产品安全信息等方面实施严格的管控，才能保障本地市场生鲜畜产品实现质量安全可控制。如果只是在本地加强入口管控，那就难以掌控畜禽产业链前端的质量安全隐患，一旦隐患暴发，本地市场就将难以获得充足的安全生鲜畜产品供应。到那时，如果安全畜产品供应不足，生鲜畜产品市场价格势必大涨，进而就会引发消费者的不满，甚至会影响到社会的和谐稳定。

总之，只有以实现生鲜畜产品全产业链质量安全管控为基础，通过构建"责任—诚信"体系，来实现生鲜畜产品产业链各环节间的信息共享和质量安全责任的无缝链接，才能稳定大城市的生鲜畜产品市场，才能使饲料和其他投入品的供应商、畜禽养殖者、经营中介组织、畜禽屠宰加工企业、畜产品分销商等获得可以预期的稳定收益，也才能从源头上保障大城市生鲜畜产品的质量安全。

## 二、生鲜畜产品的消费者中心理论

生鲜畜产品的消费者中心理论是以满足消费者对于生鲜畜产品的全方位需求为中心来构建经营体系，认为产业链上的经营者只有更好的满足了消费者对于生鲜畜产品的需求，产业链才能不断发展壮大。生鲜畜产品的消费者中心理论强调，产业链上的经营者不是为了应对政府的监管和法规的约束才要保障生鲜畜产品的食用安全，而是为了通过更好的满足消费者的需求来获得更大的市场利益必须保障生鲜畜产品的食用安全。因此，明智的畜牧企业或畜产品经营者会主动顺应消费者对于畜产品食用安全的需求，也只有以满足消费者的食品安全需求为畜牧企业经营发展的目标，畜牧企业才可能获得更大的市场发展空间。

对于生鲜畜产品消费而言，食品安全永远是消费者的第一位选择因素。因此，畜牧企业在打造生鲜畜产品品牌时，畜产品的质量安全认可度就成为提升畜产品品牌诚信度的基础。当屠宰加工企业

（或畜牧企业）品牌生鲜畜产品的质量安全诚信度提升之后，企业预期的消费市场就会扩大。再伴随着畜牧企业（或屠宰加工企业）产品细分化的发展，就能构建起多层次的生鲜畜产品消费市场（畜产品市场容量扩张），最终通过更好的满足消费者对于畜产品的多层次、多样化需求，来实现企业经营利益的最大化。

## 三、生鲜畜产品质量安全全程可追溯理论

生鲜畜产品质量安全全程可追溯理论基于在畜牧产业链的所有环节实现信息的有效衔接，顺向跟踪及记录从饲料、饲养、免疫、屠宰、加工等所有环节的信息，以保证在逆向上实现产业链全程可追溯。生鲜畜产品质量安全全程可追溯的基本原理，表现为利用信息传递机制和"责任—诚信—激励"机制，克服由于生鲜畜产品生产和消费分割、畜牧产业链较长所导致的各环节间信息的不对称，并借此明确每个环节的责任主体以及所应承担的质量安全责任。只有通过构建完善的生鲜畜产品质量安全保障体系和相关信息记录体系，才能使处在生鲜畜产品产业链后端的经营者甚至是处在消费环节的消费者，均可便利的获知产业链前端的有关生鲜畜产品质量安全的相关信息。

如果在我国所有大城市市场上的生鲜畜产品能够实现全程可追溯，那么消费者对于生鲜畜产品的消费信心就会提升，大城市市场生鲜畜产品的食用安全也就有了保障。但是，由于畜产品产业链较长，产业链不同阶段的信息化方式也不同，因而要实现全程可追溯就必须克服不同阶段技术之间的有效衔接问题（比如，生猪耳标是以二维码记录养殖信息、生猪屠宰场是以一维条码记录屠宰信息，这两段信息难以直接贯通；生猪的免疫追溯、猪肉产品追溯、经营主体追溯三段分割，目前仅实现了分段可追溯）。只有努力克服现有的技术障碍，生鲜畜产品质量安全全程可追溯才能得以实现，市场和消费者才能便利的获知有关某种畜产品"前世今生"的全部信息。

## 四、生鲜畜产品产业链技术集成创新理论

生鲜畜产品产业链本身较长，而且长期以来一直实行不同部门分段管理（这些部门曾包括农业部、轻工业部、商务部、食品药品监督管理局等），每个部门都从各自的需要出发制定技术发展政策和扶植技术创新的措施，结果是技术创新成果较多但实际应用程度不高或是应用效果不好。这个问题的本质就是缺乏产业链层面的技术集成创新。生鲜畜产品产业链技术集成创新理论强调各项技术之间的相互衔接与配套（比如，饲料技术的进步必须与饲养管理技术进步衔接与配套等），以及产业链各环节之间各类信息的彼此贯通，认为在目前的经营水平下，生鲜畜产品产业链中多项技术的集成创新可以取得单项技术创新难以取得的经营业绩。

比如，如果能在生鲜畜产品产业链信息记录方面进行技术集成创新，就能有效地将二维码耳标信息、屠宰场电子芯片一维码信息、白条肉激光灼刻信息整合在一起，促进畜产品产业链各经营环节间信息的无缝连接，为实现生鲜畜产品全程信息可追溯奠定技术基础。

## 五、安全畜产品生产经营模式创新理论

以生鲜畜产品全产业链质量安全管控理论为基础，在构建保障畜产品食用安全理论体系的基础上，还要进一步探索安全生鲜畜产品生产经营模式，强调构建畜产品产业链上骨干企业与骨干企业之间的联合体，实现骨干企业与骨干企业之间有关畜产品质量安全信息的无缝链接，并形成一套安全畜产品生产技术集成体系。

通过对畜产品质量安全的全过程有效管控，促使生鲜畜产品总体生产经营水平普遍提高，以保障大城市市场生鲜畜产品的质量安全。安全畜产品生产经营模式创新理论要求完善的畜产品质量安全技术保障体系，强调大城市的规模化畜禽屠宰企业要在外埠建立畜

禽养殖基地，推广实施高效安全的畜禽生产技术，并由大城市的畜禽屠宰企业直接管控外埠畜禽养殖基地的畜产品产品质量安全。

## 六、构建保障畜产品食用安全的理论体系

以关于畜牧业全产业链质量安全管控以及生鲜畜产品全程可追溯体系的相关理论为基础（生鲜畜产品全产业链质量安全管控理论、生鲜畜产品的消费者中心理论、生鲜畜产品质量安全全程可追溯理论、生鲜畜产品产业链技术集成创新理论和安全畜产品生产经营模式创新理论），构建了保障畜产品食用安全的理论体系，详见图 4-1。

保障畜产品食用安全的理论体系
- 生鲜畜产品全产业链质量安全管控理论
- 生鲜畜产品的消费者中心理论
- 生鲜畜产品质量安全全程可追溯理论
- 生鲜畜产品产业链技术集成创新理论
- 安全畜产品生产经营模式创新理论

图 4-1　保障畜产品食用安全的理论体系

# 第三节　理论体系指导北京生猪产业的实践探索

北京是全国的首都，也是全国的六个超大型城市之一。北京是外来畜产品的重要销售市场，也是全国重要的畜产品集中消费中心。作为国家的首都，北京人口集中、活动集中，畜牧业承担着保障 3 000 万（包括城乡常住人口和流动人口）以上市民社区生鲜畜产品消费安全的重任，也承担着保障众多在京机构和企事业单位集团生鲜畜产品消费安全的重任，还承担着保障首都举办重要活动临时性生鲜畜产品消费安全的重任（比如，2008 年奥运会、60 周年国庆阅兵、APEC 会议、每年的全国和北京"两会"等）。

在北京的肉类畜产品的消费结构中，猪肉占到了总消费量的

60％以上，由于人口众多，因而北京生鲜猪肉的消费量很大，每年需要出栏生猪 1 000 万头才能保证北京市场生鲜猪肉的供应。限于资源环境条件的制约，北京本地养殖的生猪年出栏量只有 300 万头左右。因此，北京的生鲜猪肉产品消费特点与其他大城市一样，都是生猪养殖量远远小于生鲜猪肉产品的消费量，必须借助于域外的生猪饲养基地提供生鲜猪肉产品，这就增大了北京生鲜猪肉产品的供应风险。因此，保障北京生鲜猪肉产品供应数量充足和质量安全难度很大。

为此，希望将"保障畜产品食用安全的理论体系"用于指导北京生猪产业发展，探索出新的经营模式和管控模式，以保障北京这样的超大城市生鲜猪肉产品供应稳定、质量安全。我国各地政府对于生猪产业管理的法律法规基本相同，在相同的法律法规背景下，北京作为超大城市对于生鲜猪肉产品质量安全过程控制及可追溯体系的创新探索与应用实践，对于其他大城市都将会有一定的借鉴意义。

## 一、构建北京生猪产业经营联合体

以畜牧业全产业链质量安全管控以及生鲜畜产品全程可追溯体系的理论探索为基础，构建了由北京农学院（负责理论探索、以理论指导实践、组织编写高效安全生猪生产技术规程和管理规程等）、北京饲料监察所（负责北京饲料、新饲料和饲料添加剂复核检验、饲料添加剂和添加剂预混合饲料的审批检验，以及饲料生产和经营企业产品年检备案检验、饲料产品仲裁检验、饲料标准制定和饲料检测技术培训等）、北京顺鑫农业鹏程食品公司（是北京生猪规模化饲养企业、直接投资在外埠建立生猪养殖基地，北京最大的生猪屠宰加工厂之一）、辽宁禾丰牧业集团（是大型饲料经营企业，外埠进京生猪养殖基地的主要饲料供应商），共同组成的产学研联合体，进行北京生鲜猪肉产品安全过程控制及可追溯体系建设的实践探索。

在理论指导实践经营的过程中，强调生猪产业发展的理论创新与技术进步同步化，生鲜猪肉产品产业发展促进畜牧业理论创新（寻求现实问题的解决之道催生理论创新），畜牧业理论创新又指引生猪产业技术政策的制定，生猪产业技术政策会直接促进生猪产业技术进步。

如果能在生鲜畜产品全产业链质量安全管控理论、生鲜畜产品的消费者中心理论、生鲜畜产品质量安全全程可追溯理论的指导下，促进北京生鲜猪肉产品全产业链相关先进技术的系统集成利用，并构建出新的安全生猪生产经营模式，实现骨干企业与骨干企业之间的联合，那么就能够极大地提升北京生鲜猪肉产品产业链的质量安全管控水平和相关企业的经营效率。实践证明，只有实现畜牧业理论创新与技术进步的同步化，才能促进北京生猪产业的健康稳定发展。

## 二、规划实践探索的思路

保障北京生鲜猪肉产品安全过程控制及可追溯体系建设的实践探索思路见图 4-2。

## 三、制定技术流程

保障北京生鲜猪肉产品安全过程控制及可追溯体系建设的技术流程见图 4-3。

## 四、实践探索取得的成果

以构建的产学研联合体为依托，通过生猪屠宰机构与京郊和京外的养殖基地签约，再与饲料供应商签约，在产业链上形成稳定的衔接关系。通过规范联合体内部生猪养殖投入品管理、生猪饲养管理、生猪疫病控制、生猪屠宰加工环节管理，对影响生鲜猪肉产品

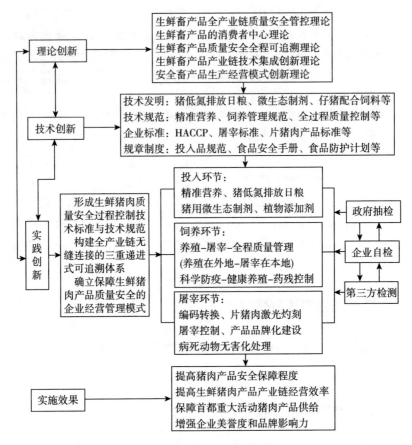

图 4-2　实践探索的思路

质量安全的关键点进行分析，研发质量安全监控技术和管理方法，结合生猪健康养殖管理、疫病综合防治、药物及激素残留控制等各方面的技术成果，通过筛选、优化、组装、配套，形成一套生猪质量安全管控技术与管理规范，编制出《安全生猪生产的投入品管理规范》《安全生猪生产的饲养管理规范》《生猪屠宰操作技术与可追溯管理规范》等手册，使投入品研发与管控、规模化生猪养殖技术、疫病综合防治技术、药物及激素残留控制技术以及生鲜猪肉产品标识与可追溯技术等得到应用与推广。

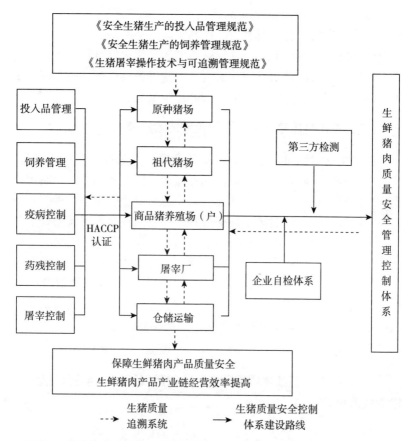

图 4-3　保障北京生鲜猪肉产品安全过程控制及可追溯体系建设技术流程

## （一）完善生猪健康养殖管理技术规范

重点开展了生猪最适生长环境、科学饲养管理、饲料营养配制等方面技术的研究与探索。通过调整母猪饲料实现初乳质量的改善，通过断奶前的补料和断奶仔猪高效微生态饲料技术的研究，改善了哺乳仔猪的肠道健康；实施饲料原料营养价值评估和低氮环保日粮的开发与应用，提高了饲料资源的利用效率，从而减少了养猪对环境的污染；开展了有机微量技术的应用，有效控制生猪粪污重金属排放和猪肉产品重金属的残留问题；运用饲养管理、饲喂方法、环境温度的综合控制手段，提高哺乳母猪的采食量，改善母猪的健康状况，并综合形成一套健康养殖的生猪无抗日粮方案。通过对生猪健康养殖的技术研究，实现了生猪的最佳生产性能，促进了生猪的健康养殖，保障了猪肉产品的质量安全。

## （二）制定生猪疫病及微生物控制技术规范

针对生猪养殖过程中极易发生的猪瘟、口蹄疫等烈性传染病，结合生产经营实际，采用病原检测和血清抗体监测的方式，制定猪瘟、口蹄疫、伪狂犬、高致病性蓝耳病适宜的免疫程序，做好相关疫病的防控工作。针对屠宰加工过程中的食品接触面（设备、工器具、人手等）、生产加工用水、出厂产品的微生物污染情况进行了验证，制定了详细的实验室工作计划，通过菌落总数、大肠菌群两项指标判定加工过程中的污染情况，对发生的不合格情况及时监控、纠偏、改进、再验证，在质量管理过程中形成一个闭合的PD-CA循环。在经营实践中不断提高出厂冷却猪肉（生鲜猪肉）的内在品质。

## （三）建立养殖技术规范和农药、兽药残留等有害物质残留检测技术规范

根据农业部《无公害生猪养殖基地技术规范》的要求，结合养猪生产实际工作中的特点，制定了《生猪养殖基地技术规范》，使生猪养殖基地在具体操作环节有了技术依据和技术保障。通过市场销售人员进行前期市场调研，进行生鲜猪肉产品的市场开发，并结合生猪养殖行业自身特点以及消费者对生鲜猪肉产品质量的要求，制定了《生猪养殖基地"五统一"管理标准》，对生猪养殖基地进行科学的投入品管理。

根据GB9959.2《分割鲜、冻猪瘦肉》和GB18406.3《农产品质量安全－无公害畜禽肉安全要求》，制定了生猪屠宰厂的《HACCP计划》和《实验室手册》，对入厂生猪及出厂生鲜猪肉产

品的下列指标进行分类检测：

（1）禁用药：盐酸克伦特罗、沙丁胺醇、莱克多巴胺。

（2）限用药：磺胺类、四环素＋金霉素＋土霉素、恩诺沙星、呋喃类抗生素、氯霉素。

（3）重金属：砷、汞、铅、镉、铬。

（4）农药残留：六六六、滴滴涕、敌敌畏。

### （四）建立生猪屠宰加工环节 HACCP 体系

通过对生猪屠宰加工环节中的危害识别、危害分析、危害评估，设立关键控制点，确立关键限值，建立监控、纠偏、验证程序，确定生猪屠宰加工过程中的关键控制点，形成了《冷却猪肉加工工艺流程》，并制定相应的预防措施。

结合生猪屠宰厂的实际经营情况，制定了生猪屠宰厂的 HACCP 体系文件，通过体系运行，将生鲜猪肉产品质量安全的控制从原来的过程控制改为预防控制，这样就大大降低了出厂生鲜猪肉的食品安全风险。

### （五）建立并推广生鲜猪肉质量安全全程可追溯体系

建立生鲜猪肉质量安全全程可追溯体系，规范所有经营环节的跟踪记录制度，实现从种猪、饲料、饲养、屠宰、配送、销售全过程可追溯（图4-4），建立起了生鲜猪肉生产加工过程的质量安全长效监督保障机制。按照"从农场到餐桌"的理念，实现了生鲜猪肉产品质量安全管理无缝链接，建立起一套操作性强、可推广的带动农户（或基地）发展的健康生猪养殖的新模式，提高了生鲜猪肉产品质量安全的监督管理水平。这种实践探索，有利于提高消费者对于北京生鲜猪肉产品质量安全的信心，并能有效地带动北京生猪产业链相关企业的诚信经营、健康发展，同时，也能带动北京及其周边乡村生猪饲养管理水平的提高和当地乡村经济的发展。

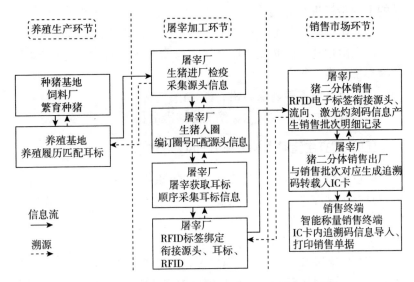

图 4-4　生鲜猪肉质量安全全程可追溯示意图

## （六）使生鲜猪肉产品质量安全控制技术在外埠进京生猪饲养基地推广

通过加强生猪产业链各环节间相关技术的集成和整合，并借鉴荷兰"金三角"农业科技推广理念，创新性地采用以政府职能部门推动、高等农业院校与企业合作、企业带动养殖农户的路径，在国内率先实现了生鲜猪肉产品全产业链质量安全管控的顺向无缝连接和逆向全程可追溯。

通过北京农学院、北京饲料监察所、鹏程食品公司、禾丰牧业集团四个单位的长期协作，将生鲜猪肉产品全过程质量安全管控和全程可追溯技术率先在部分进京生猪生产基地推广与应用，取得了良好的生鲜猪肉质量安全管控效果。借助于质量安全可追溯体系的建立与运行，使鹏程食品公司在北京市场的生鲜猪肉产品正向按"投入品→养殖→屠宰→加工→仓储→运输"实现了全过程质量安全管控，以及逆向的全程可追溯。

# 第五章

# 饲料和投入品环节畜产品
# 食用安全保障对策

## 第一节　畜牧业发展中的饲料

### 一、饲料和饲草在畜牧业中的作用

畜牧业主要是指畜禽养殖业和放牧业，但随着我国草原生态环境的改变，放牧业所占畜牧业的比重已经很小，而畜禽养殖业则已经成为我国畜牧业发展的基本力量。饲料和饲草是指能被动物摄取、消化、吸收和利用的各种物质，既包括天然饲草和饲料，也包括人工合成或加工的饲料。在我国的畜禽养殖业中，经营成本的70%以上来自饲料和饲草，饲料和饲草是畜禽养殖业发展的基础，对我国的畜禽养殖业生存和发展起着决定性的作用。

饲料和饲草对于畜禽养殖业的作用表现为两方面：一是为畜禽动物提供必需的营养物质，饲料和饲草是畜禽动物赖以生存并生产各种畜产品的物质基础；二是提高畜禽动物对疾病的抵抗能力，科学配制和加工的全价饲料能促进营养物质消化、吸收和代谢，能提高饲料转化利用效率，能提高畜禽动物的生产性能，能提高最终畜产品的品质和安全性。

我国饲草资源丰富，饲料资源种类很多。在规模化畜禽养殖过程中作用最大的饲料资源还是粮食及其副产品，这类饲料资源通称为精饲料。而精饲料资源供给情况是影响未来我国食用畜产品生产的最关键因素之一。因此，当人们衡量一个国家食用畜产品的生产能力时，总是把人均占有粮食数量和饲料粮数量作为一项重要指标。近年来，我国的饲料粮数量不仅随着粮食总产量的逐年增加而增加，而且饲料粮占粮食总产量的比重也在不断提高，已经由过去的占 20％左右提高到目前的占 30％以上。随着我国畜牧业的不断发展，对饲料粮的需求量也会逐年增加。在粮食产量持续增长的情况下，未来我国饲料粮占粮食总产量的比重将会提高到 40％～50％，也就是说，未来会有接近一半的粮食作为饲料来促进我国畜牧业的发展。

畜牧业生产是以种植业的第一性生产为基础的第二性生产，种植业的第一性生产可以生产出饲料和饲草，畜牧业的第二性生产则是以饲料和饲草为基础来进行动物性食品生产。如果没有饲料和饲草的生产，也就无法进行畜牧业生产。饲料和饲草在畜牧业发展中的作用主要表现在以下几个方面。

## （一）饲料和饲草资源的数量决定着畜牧业的发展规模及其发展速度

我国畜牧业规模不能迅速扩大，食用畜产品生产量小于国内消费量（目前尚存在一定比例的进口以平衡国内需求），其主要原因在于国内饲料和饲草资源不够充裕。在我国进口的粮食中有相当一部分是用于饲料粮，发展奶牛养殖业所需要的优质牧草也有一定的比例是依靠进口。由于国内饲料资源不足，因而饲料和饲草资源价格就会提高，进而导致国内畜产品生产经营成本提高，并使国内畜产品价格高于国际市场，这又会吸引国际市场的食用畜产品涌向中国，挤占国内消费市场的份额。由此抑制我国畜牧业的发展，进而影响到从事畜禽养殖业农户的收入和就业，当他们被迫放弃畜禽养殖时，就会增加我国食用畜产品的进口依赖度，并使我国作为人口大国在保障食用畜产品消费安全上面临风险。

我国发展畜牧业的瓶颈在于饲料和饲草不足，而促进畜牧业发展的根本途径也在于解决饲料和饲草不足的问题。目前，我国人均占有粮食为 400 千克左右，与主要依靠谷物来解决饲料来源问题的国家和地区人均粮食占有量 800 千克的水平相差很大，因此，单纯依靠增加饲料粮来发展中国畜牧业是不现实的。我国更需要通过资源的综合利用来促进畜牧业的发展。比如，我国每年约有 2 000 万吨的饼粕、3 000 万吨的糠麸、4 000 万吨的糟渣、5 亿吨农作物秸秆等均可作为发展畜牧业的饲料和饲草资源。如果充分利用了这些资源，就可以有效的化解我国发展畜牧业饲料和饲草资源不足的矛盾。

## （二）饲料和饲草资源是否充分决定着我国畜牧业的经营效益水平

饲料和饲草是畜牧业生产成本的重要组成部分，在舍饲畜禽养殖业中，饲料费用一般占生产总成本的 70% 以上。因而能否获得质优价低的饲料和饲草是决定我国畜牧业经营效益水平的关键因素。

如果由于我国粮食紧缺，导致饲料粮价格上涨，那么首先受到冲击的就是我国的畜牧业。饲料粮价格上涨会直接压缩畜禽养殖经营者的获利空间，他们会由于获利减少而减少养殖量，进而影响到市场上食用畜产品的供货量，再进一步导致食用畜产品的价格上涨。所以，为了稳定我国食用畜产品的市场供给，国家有必要推出稳定饲料粮价格的相关补贴政策，以此来维系畜禽养殖经营者的合理获利水平，进而稳定我国市场食用畜产品的供给，由此来保障我国食用畜产品的消费安全。

## （三）饲料和饲草的供给制约着畜牧业的生产结构和饲养方式

畜牧业的生产结构和饲养方式都在一定程度上受到饲料和饲草供给条件的限制。比如，粗饲料和饲草资源较丰富的地区，畜牧业往往以饲养牛羊为主；精饲料资源较丰富的地区，畜牧业往往会以饲养猪禽为主；精饲料、配合饲料比较紧缺的地方，畜牧业发展往往是以散养为主；而精饲料、配合饲料比较充足的地方，畜牧业则往往是以舍饲或半舍饲为主。

总之，饲料和饲草的供给，决定着传统畜牧业的饲养方式和当地的畜牧业的生产结构，也制约着未来畜牧业发展的生产结构与养殖方式。

## 二、要大力发展饲料和饲草产业

### (一) 发展饲料和饲草产业意义

首先，发展饲料和饲草生产是缓解当前我国饲料资源不足压力的重要途径，是实施农业经济结构调整的重要内容，也是促进我国畜牧业发展的重要举措。当我国粮食产量中有越来越大的比重用于饲料粮时，种植业的结构调整就必须要优先考虑畜牧业发展的需求。

其次，发展饲料和饲草产业，在增加和拓展我国饲料资源的同时，也有利于改善我国的生态环境，为畜牧业发展提供专用饲料资源，并借此提升我国畜牧业发展的专业化水平，推进我国种草养畜工作的开展和舍饲畜牧业的发展。

第三，发展饲料和饲草产业有利于提高我国畜产品的品质和安全性。饲料和饲草的质量对于食用畜禽产品的质量影响很大。我国乳业发展面临的乳品质量问题，其主要原因就是饲草资源不充足，饲喂乳牛的饲草不够优质而且数量不足，因而影响到泌乳牛的产奶量和牛奶质量。因此，发展专用的饲料种植业和饲草种植业，生产数量充足、质量合格的优质饲料和饲草，就是保障我国畜产品实现数量安全和质量安全的必要条件。

### (二) 发展饲料和饲草生产的要求

首先，发展饲料和饲草产业要做到因地制宜。种植牧草和专用饲料作物必须与当地的草食家畜发展和畜禽舍饲规模相适应，必须与稳步提高当地养殖业的综合经济效益相适应。各地在制定牧草饲料和其他专用饲料发展规划时，一定要以草食家畜发展规划和舍饲畜禽发展规划为依据，做到因地制宜、因畜制宜、因养殖方式制宜。

　　第二，在发展饲料和饲草产业时，一定要做好先期的示范与引导工作，并配合相关扶植政策，要让农民获得实在的经济效益，这样才能调动农民改变种植习惯的主动性，以适应新的种植结构。牧草和其他专用饲料作物的发展也必须要纳入到种植业的总体发展规划之中。这样才能统筹当地种植业的发展，并使种植业的发展与养殖业发展相衔接。当一个地方的种植业结构改变了，相关的社会化服务也要与之相配合。比如，新的适宜性品种的推荐与选择、新品种栽培技术的推广、牧草加工利用技术的推广与普及等。

　　第三，发展饲料和饲草产业，同样要重视种子基地的建设。随着饲料和饲草产业的发展，相关优质种子基地的建设也势在必行。种子是决定农作物产量和质量的关键因素，因此，必须要重视专用饲料和饲草作物种子基地的建设工作，为发展饲料和饲草产业奠定良好的基础。同时，要以市场为导向，以种植效益为中心，推进种植科学知识和专用技术的普及，稳步推进我国饲料和饲草产业的发展。

## 三、饲料的一般分类及国际饲料分类原则与编码体系

### （一）饲料的一般分类

　　伴随着我国畜牧业的快速发展，我国饲料产业也飞速发展，饲料的种类越来越多，对饲料的研究也就越来越细致。但是，有些相同名称的饲料其质量往往会因为来源的不同而差别很大，为了科学地利用饲料，有必要建立科学的现代饲料分类体系，以适应我国现代畜牧业发展的需要。

　　常用的饲料分类方法有以下几种：

### 1. 根据饲料来源进行分类

　　以饲料来源进行分类，可将饲料和饲草分为植物性饲料、动物性饲料、微生物饲料、矿物质饲料和人工合成饲料这几类。这种饲料分类方法符合人们的一般习惯，也便于组织饲料生产，但却不能

反映饲料的营养价值状况，也不便于进行科学的饲料配方设计。

**2. 根据饲料的营养价值进行分类**

以饲料的营养价值进行分类，可将饲料分为粗饲料、青绿多汁饲料、精饲料和特殊饲料几类。这种饲料分类方法主要是依据人们的养殖经验来进行分类，它比较容易区分，也有利于饲养实践。但具体各类饲料的划分没有养分含量的界限，同类饲料中不同品种的营养价值差异也会较大。

**3. 根据饲料的形态进行分类**

以饲料的形态进行分类，可将饲料分为固体饲料、液体饲料、胶体饲料、粉状饲料、颗粒及块状饲料。这种分类方法比较直观，便于饲料的储存管理，但也同样不能反映饲料的营养价值状况。

**（二）国际饲料分类原则与编码体系**

美国学者 L. E. Harris 根据饲料的营养特性，将饲料分为粗饲料、青绿饲料、青贮饲料、能量饲料、蛋白质补充饲料、矿物质饲料、维生素饲料、饲料添加剂这 8 大类，并对每类饲料冠以 6 位数的国际饲料编码（international feed number，IFN）。国际饲料编码的首位数字代表饲料归属的类别，后 5 位数字则按饲料的重要属性来给定编码。编码分 3 段，第一段 1 位数字、第二段 2 位数字节、第三段 3 位数字，详见表 5-1。

表 5-1　国际饲料分类原则与编码体系

| 饲料类别 | 饲料编码 | 划分饲料类别的依据 | | |
|---|---|---|---|---|
| | | 水分（自然含水） | 粗纤维（干物质） | 粗蛋白质（干物质） |
| 粗饲料 | 1-00-000 | <45% | ≥18% | |
| 青绿饲料 | 2-00-000 | ≥45% | — | |
| 青贮饲料 | 3-00-000 | ≥45% | — | |
| 能量饲料 | 4-00-000 | <45% | <18% | <20% |
| 蛋白质补充饲料 | 5-00-000 | <45% | <18% | ≥20% |
| 矿物质饲料 | 6-00-000 | — | — | |
| 维生素饲料 | 7-00-000 | — | — | |
| 饲料添加剂 | 8-00-000 | — | — | |

表 5-1 所列出的饲料分类原则和编码体系迄今已为大多数学者所认同，并逐步发展成为当代饲料分类编码体系的基本模式。其中的八大类饲料含义界定如下：

（1）粗饲料。是指粗纤维含量在 18％以上的饲料，包括青干草、秸秆、秕壳等。

（2）青绿饲料。是指呈现青绿新鲜状态的饲料，其特点是不仅幼嫩而且各种营养物质（尤其是维生素）含量较高。

（3）青贮饲料。就是将新鲜牧草或作物全株经过青贮技术而制成的饲料，其目的在于减少营养物质的损失。我国有些地区为了保证粮食产量而实行收获后秸秆青贮，但饲养效果远不及全株青贮。

（4）能量饲料。凡是在干物质中粗蛋白含量低于 20％，粗纤维含量低于 18％，每千克饲料干物质中可消化能在 10.45 千焦以上的饲料均属于能量饲料。能量饲料主要包括谷物籽实类及其加工副产品、根茎瓜类，其营养特点是淀粉类物质含量很高，其干物质中一般含有 70％～80％的淀粉。

（5）蛋白质补充饲料。是指干物质中粗纤维含量少于 18％，粗蛋白质含量在 20％以上的饲料。豆类、饼粕、鱼粉等都属于蛋白质饲料。

（6）矿物质饲料。是指矿物质在饲料中的含量在 20％以上的那些饲料来源，它们能补充畜禽对矿物质的需要。常见的矿物质饲料有食盐、石粉、贝壳粉、蛋壳粉、骨粉、磷酸钙、磷酸氢钙等。

（7）维生素饲料。主要是指用做饲料的工业合成维生素。维生素饲料对保证动物健康、提高畜产品的品质、稳定动物生产性能有重要的作用。

（8）饲料添加剂。主要包括营养性添加剂和非营养性添加剂，它们能提高畜禽的生产性能、强化基础饲料的营养价值、节省饲料成本、改善畜产品品质，一些添加剂还对饲料的保存具有良好的作用。

# 第二节  饲料资源的开发与利用

饲料资源是我国畜牧业发展的基础，也是饲料工业发展的物质基础。在正常情况下完全不宜用作饲料或不能被畜禽动物有效利用的物质，通过特殊处理使其成为饲料或能被畜禽动物有效利用的物质，或者直接增加可利用饲料资源的生产量的过程叫饲料资源的开发。受人口增长和粮食增产潜力的制约，我国的饲料资源相当短缺，这必然会影响到饲料工业的发展水平和发展速度。因此，我国需加强饲料资源的开发与利用。

## 一、国内外开发饲料资源概况

### （一）国内开发饲料资源概况

#### 1. 饲料资源普遍短缺

我国饲料工业经过近 40 年的发展，已经成为我国的支柱产业之一，配合饲料产量已经居全世界前列。随着我国饲料工业的发展，已经出现饲料资源短缺的现实问题。从能量饲料、蛋白质补充饲料、矿物质饲料的数量来看，能量饲料相对比较丰富一些，矿物质饲料来源也较为丰富，而蛋白质补充饲料最为缺乏，供给与需求之间的缺口也最大，特别是动物性蛋白质补充饲料尤为缺乏。在能量饲料中，优质能量饲料比较紧缺，比如玉米饲料、油脂添加料都比较紧缺，而粮食加工副产品（比如糠麸等）相对供给比较充裕一些。

#### 2. 饲料资源分布不平衡

我国的饲料资源分布很不平衡，玉米和豆粕主要集中在东北，而南方相对较缺乏；鱼粉和肉骨粉等在沿海地区和南方相对较为丰富。畜禽屠宰加工下脚料也比较分散，难以收集加工利用。

#### 3. 优质能量饲料更为紧缺

我国糠麸等农副产品资源相对较为丰富，在我国的能量饲料中主要是用玉米，玉米约占到饲料原料总量的 60%。但是，由于我国耕地资源相对短缺，农户种植玉米普遍规模较小，就使得玉米资源分布极不平衡，我国规模化玉米种植主要分布在东北地区。因而，在我国的南方地区，用于工业饲料生产的玉米供给数量不足。而作为优质能源的油脂在我国十分紧缺，植物油尚需大量进口，而动物油脂也因畜禽的分散屠宰和人们的食用习惯而很难集中用于饲料，从而使我国的饲料工业对玉米的依赖性加大，这就限制了我国配合饲料工业的发展。

### 4. 优质蛋白质补充饲料缺乏

蛋白质补充饲料是畜牧业持续发展所必需的最重要的饲料资源，但是我国优质的豆粕资源不足，棉籽粕、菜籽粕等杂粕相对较多，这就使我国优质蛋白质补充饲料来源严重不足。因此，蛋白质补充饲料资源的开发和有效利用就成为促进我国畜牧业可持续发展的必要保证。

我国油菜籽粕和棉籽粕产量虽然较多，但由于品种和加工工艺水平所限，存在着粗纤维含量高、能量低、氨基酸不平衡、氨基酸消化利用率低、含有有毒有害物质等缺点。这些问题都有待科技发展来提升处理水平和处理能力，改进加工工艺，提高蛋白质补充饲料资源的利用效率。比如，我国积极开展的"双低"油菜的育种和推广工作，已经使得菜籽粕作为畜禽蛋白质补充饲料的利用率大幅度提高。

### 5. 丰富的非常规饲料资源有待开发

除了常规的畜禽饲料资源之外，我国还有大量的非常规饲料资源可以利用。比如，秸秆资源、工业废弃物资源等。通过合理开发利用这些资源，可以极大地拓展我国饲料的来源渠道。比如，加工玉米乙醇后剩余的玉米渣的饲料化利用，酿酒、酿醋后剩余的糟渣的饲料化利用，食品加工厂的食物加工废弃物饲料化利用等，都是我们有待开发的饲料来源。

## （二）国外开发饲料资源的新进展

### 1. 配合饲料发展迅速

根据畜禽不同品种、不同生长发育阶段对营养的不同需要，把多种饲料和氨基酸、维生素、抗生素、矿物质以及中草药等添加剂，按照一定比例加工成配合饲料，其营养更加全面，可以大大提高畜禽的生长速度。因此，发达国家的配合饲料利用率和利用水平都在逐年提高。

**2. 拓展代粮饲料已成趋势**

充分利用农副产品和部分食品工业废弃物作为饲料资源已经成为国际发展趋势，这样一方面开发了饲料资源，另一方面也减少了垃圾和其他废弃物对于环境的污染。比如，作物秸秆、水果皮壳和籽仁、羽毛、蔗渣、畜禽屠宰下脚料等，过去作为垃圾会危害环境，但经加工处理后都可以制成畜、禽、鱼的优质代粮饲料。通过这种循环利用，可以促进畜牧业实现绿色发展。

**3. 微生物饲料的利用**

微生物饲料是当今世界积极研究开发的新型蛋白质补充饲料资源，其蛋白质含量一般都在 30%～50%，还含有多种其他营养物质。发达国家多是以作物秸秆、谷壳及工业废液、废渣作为原料，来生产微生物蛋白质补充饲料。目前，常用的微生物主要有酵母、细菌藻类和真菌等。

**4. 树木饲料的利用**

树木的嫩枝叶以及树木加工后的锯末含有丰富的营养物质，可以加工成优质的畜禽饲料。据测定，紫槐叶的蛋白质含量高达23.7%，刺槐叶和胡枝子叶的蛋白质含量在 20%以上，松针叶、柳树叶、杨树叶等多种树叶的营养含量也都很丰富，有着很大的饲料利用潜力。

**5. 矿物质饲料**

矿物质饲料是生产畜禽配合饲料所需要的重要成分，它含有畜禽生长所必需的铁、硒、锌、硫、钙、磷、钾、铜、锰等矿物质元素。目前，用于饲料工业的矿物主要有膨润土、沸石、石灰石、泥炭等数十种。发达国家对天然沸石的开发利用发展很快，在日本、美国、俄罗斯、加拿大等国都取得了很好的利用效果。

### 6. 新型饲料作物的培育

目前，世界各国都在研究新型的饲料作物，以拓展植物饲料的来源。比如，美国科研人员发现了籽粒苋作为饲料作物的潜在利用价值；日本科研人员正在培育饲料用稻米和蛋白质、赖氨酸含量高的麦类饲料作物；加拿大科研人员培育了低毒饲用油菜新品种，其粗蛋白质含量可达 30％～50％。

## 二、饲料资源开发的主要途径

首先，要增加可利用饲料资源的生产量。具体措施包括增加饲料作物的种植面积，科学调整种植计划，提高耕地的复种指数，同时，还要改善饲料加工和储存条件，减少在加工和存储环节的饲料资源浪费。

其次，要利用先进的生物育种技术，培育优质饲料品种资源。随着现代生物技术的高速发展，利用基因工程技术来改变生物的性状，就能实现饲料作物育种的直接化和定向化，能极大的提高饲料作物育种的效率。目前，我国已经成功培育出了养分含量高、有毒有害物质含量低的作物新品种，比如"双低"油菜籽、"低酚无毒"棉籽、"高蛋白"玉米、"高赖氨酸"玉米等品种。

第三，科学加工饲料，提高饲料利用率。科学合理的饲料加工可破坏植物细胞壁、钝化抗营养因子、改善饲料的适口性，提高饲料中养分的消化吸收利用效率。因此，每一次饲料加工工艺的革新，都会促进饲料原料的合理利用和新饲料产品的开发，也能提高饲料产品的质量和食用安全性。

第四，要充分利用微生物和化学合成技术，创新饲料来源。比如，用人工合成的方法来生产单细胞蛋白饲料、活性酵母饲料、活菌制剂、酶制剂、合成氨基酸、合成维生素等。将现代科学技术应用于饲料工业，具有促进饲料工业规模化程度提高、技术含量增加的促进作用，也能将原来不可利用的资源变为可利用的饲料资源。

第五，通过合理应用饲料添加剂，来提高饲料养分消化利用率。随着现代科学技术的进步，对于饲料添加剂的研究也得到了迅速发展，饲料添加剂的种类大大增加，其作用也不仅仅是促进畜禽生长，一些新型饲料添加剂已具有促进营养物质消化吸收的功效，并成为生产全价饲料必不可少的重要组成部分。合理应用饲料添加剂，是提高饲料养分利用率、开发利用新型饲料资源的重要途径。

第六，要进一步推广全价配合饲料，提高饲料配方技术水平。科学合理的饲料配方设计，可避免原料单一使用带来的养分不平衡，可以有效的提高饲料养分的利用效率，能够减少饲料资源的浪费。在饲料配方设计和配合饲料加工过程中，应充分应用现代营养学和饲料学基础，配制科学高效的饲料，提高饲料配方的技术含量，提高饲料转化利用效率。

第七，由于我国人口众多、饲料资源短缺，因而还要充分利用国际饲料资源，以弥补国内饲料资源的不足。现代饲料工业发展的特征之一，就是要实现全球饲料资源的共享。我国已经加入WTO，由于进口关税下调和国外某些饲料原料生产成本比国内低，因此，适当增加饲料原料的进口，可以直接缓解我国国内饲料资源缺乏的局面，有利于促进我国畜牧业的持续发展。

## 三、实现饲料资源的合理利用

### （一）合理布局和配置畜群结构，科学利用饲料资源

畜群结构是指同种牲畜群中不同年龄、不同性别和不同用途的牲畜或畜组在畜群中所占的比重。合理的畜群结构就是在保证畜群再生产和扩大再生产正常进行的同时，取得最大的经营效益。而要实现这一目标，关键是要规划基础母畜、种公畜应当具有的科学比例，它们既是畜产品的主要提供者，又是幼畜、后备畜、育肥畜和产品畜的来源。所以，只有因地制宜、因时制宜、因畜制宜地发展畜牧业，综合利用各种饲料资源，才能提高饲料资源的利用率和饲料报酬率。

在配置畜群结构时，应考虑以下几方面的因素：①必须根据当地经济发展特点、畜产品的消费需求情况，合理安排各种牲畜和畜产品的生产；②要充分发挥当地的饲料资源优势，力求以较少的资源消耗获得最大的经营效益；③要充分发挥市场机制在饲料资源配置中的作用，使当地的畜群结构既适应本地饲料资源特点，又符合当地消费市场的客观要求。

## （二）实现饲料资源的合理利用

饲料资源不仅存在提高利用效率的问题，还存在如何合理利用的问题。

首先，要根据当地实际情况，确定相应的饲料利用策略和措施。几十年来，我国在挖掘饲料资源潜力上曾走过两个极端：一是只注重饲料数量，不重视饲料质量，片面强调各种农业副产品的饲料化作用，甚至出现了用玉米芯等粗纤维含量高的粗饲料喂猪的现象，这违反了动物营养学的客观规律，结果一定是既浪费了资源又没有取得期望的效率；另一个极端是片面强调饲料的生产效率，追求高投入高产出，因而忽略了我国饲料资源短缺的现实。

其次，我国各地区饲料资源分布情况复杂，畜牧业结构不同，养殖品种规模也有很大的差别。所以必须要因地制宜，根据当地资源情况确定饲料生产发展的方向，尽量避免远距离大量采购饲料原料，尽量采用可替代饲料资源，在保证饲料营养价值的前提下，节约紧缺饲料资源和成本较高的饲料资源。

第三，要实现开发利用饲料资源与环境保护相结合，在保证环境本身不被污染的前提下，尽量将各产业的可利用副产品加以饲料化利用。从全球来看，饲料资源的不足是普遍现象，因此如何高效、合理的开发利用各种饲料资源，是今后我国及世界各国共同面临的现实问题。要实现我国畜牧业的可持续发展，饲料产业首先就要实现可持续发展，未来如何开发新的饲料资源、降低饲料成本，这已经成为我国饲料产业面临的主要问题。

# 第三节　我国饲料安全状况分析

## 一、我国饲料安全的概述

我国饲料产业的发展，有利地促进了畜禽养殖业的发展，极大地提高了饲料资源的转化效率，为提高我国人民的生活水平做出了巨大的贡献。但是，随着我国饲料产业的发展，饲料安全问题也日益突显，并由此引发了人们对于食品安全问题和环境污染问题的关注。

饲料安全通常是指饲料产品中不含有对饲养动物的健康造成实际危害，而且不会在畜产品中残留、蓄积和转移的有毒、有害物质或因素；饲料产品以及利用饲料产品生产的畜产品，不会危害人类健康或对人类的生存环境产生负面影响。

近年来，世界各地不断发生的"二恶英事件""疯牛病""瘦肉精猪肉中毒事件"等，使饲料安全问题与人类健康问题更加紧密的联系在一起。饲料安全已经成为保障食用畜产品质量安全的一个重要环节。在我国居民每天消费的肉、禽、蛋、奶等农副产品中，一半以上是由工业化生产的饲料转化而来。因此，如何保障饲料产业生产质量安全的饲料产品越来越为人们所关注。

我国国内饲料安全事件也时有发生，特别是近年来，在饲料中违法添加"瘦肉精"等引起畜产品质量安全问题的恶性事件也属有发生，这严重危害了消费者利益和人民健康。我国出口的畜禽产品，也曾因饲料的不安全问题而导致有害物质残留超标而受阻，这对我国的畜禽养殖业健康发展带来了不利的影响。

安全的畜产品应该是无污染的、无残留的、无公害的畜产品，应当是在生产条件可监控下生产的畜产品。饲料是畜牧业的"粮食"，只有首先保障"粮食"安全，才有可能进一步保障食用畜产品的质量安全。因此，饲料安全是畜产品质量安全的基本保障。只有充分认识饲料安全的重要性，认真防范饲料安全事件的发生，确保饲料无污染、无残留，才能避免畜产品质量安全事件的发生，也才能更好地保障我国的畜产品质量安全。

环境污染也是造成饲料安全问题的原因。比如，土壤中重金属的含量超标，饲料粮中的重金属含量也会超标，畜禽食用了由重金属含量超标的饲料粮加工的饲料，结果食用畜产品中就能检测出重金属超标的问题。当然，如果加工饲料的原料受潮霉变，饲料也不能保障安全，畜禽就会由此生病或死亡，这也同样会带来畜产品食用安全的系列问题（比如，用药不规范形成的药物残留、肉品中某些毒素的超标、病死畜禽非法流入市场等）。

近年来，我国政府监管机构对饲料产品质量抽查合格率已有了很大的提高，配合饲料产品合格率已经达到90％以上，但是我国的饲料安全问题依然不可小视。在饲料产品生产和流通中仍然存在着饲料安全问题：①在饲料中添加违禁药品，比如，在一些经营不规范的饲料企业，使用盐酸克伦特罗、肾上腺素、盐酸氯丙嗪等违禁药品的情况偶有发生。②饲料添加剂的使用超出范围，农业部早已公布了《允许使用的饲料添加剂品种目录》，规定除饲料级氨基酸、饲料级维生素、饲料级微量元素等173种添加剂之外其余均不能使用，但实际上一些企业仍将规定范围之外的促生长素等添加剂用于饲料生产，其潜在的食品安全问题不容忽视。③不按规定使用药物饲料添加剂，药物饲料添加剂是为了预防和治疗动物疾病而加入饲料中的，其适用动物、用法用量、停药期及注意事项都有严格的规定，而不少饲料企业不严格执行这些规定，由此导致饲料中的药物成分在畜产品中或积蓄残留，或使动物产生耐药性，最终都会影响到畜产品的质量安全，对环境也造成了一定程度的污染。④饲料被污染，不符合饲料卫生标准，比如种植业生产中滥用化肥、农药，结果对饲料原料造成污染，进而在饲料及动物体内残留，或是饲料加工场所不清洁，达不到饲料卫生标准，最终被污染的饲料通过畜禽食用生产出不安全的畜产品，不安全的畜产品一旦流入市场就会危害消费者的健康。

## 二、影响我国饲料安全的因素

### （一）饲料安全监管存在体制性障碍

我国对饲料和饲料添加剂实行分级管理体制，即饲料管理部门是本级政府的一个职能部门，接受当地政府领导，上下级饲料管理部门之间存在业务上的指导关系，但没有领导与被领导的关系。《饲料和饲料添加剂管理条例》中规定全国饲料、饲料添加剂的管理工作由国务院农业行政主管部门负责，但考虑到各地机构组成的差异，对基层饲料、饲料添加剂的管理部门没有作出明确的规定，只是要求"县级以上地方人民政府负责饲料、饲料添加剂管理的部门，负责本行政区域内的饲料、饲料添加剂的管理工作"。这虽然符合我国的国情，但也存在着一些问题。

首先，由于对管理机构设立的要求不明确，一些地方对饲料行业仍在多头管理，重复检验、重复收费的现象，这不仅加大了饲料企业和经营者的负担，也扰乱了正常的生产经营秩序；还有一些地方借政府机构改革之机，弱化饲料监管机构，从而使饲料行业管理和行政执法的各项职责难以落实；更严重的是，目前大部分省（区、市）在县级尚未设立饲料管理职能部门，这就造成监管的真空地带，使饲料产品质量安全问题无人负责。

其次，各部门之间的监管工作协调难度大。根据目前各部门的职能分工，农业行政主管部门很难承担起饲料产品监管的全部职能。饲料安全工作涉及到饲料生产、饲料流通和饲料使用等多个环节，以及工业、运输、商业、养殖等多个行业，而在上述各个方面，医药、化工、屠宰、检疫、卫生、工商、公安等部门都有其相应的管理职能。同时，就饲料产品监管工作来说，农业部门由于管理权限和执法手段的限制，也必须要其他部门予以配合，由此不可避免地会产生个部门之间工作的难以协调问题。而在我国现行的行政体制下，依靠农业部门整合各部门的力量，统一、协调地搞好饲料产品的监管工作，困难还比较大，地区间的监管工作不易协调。

要做好饲料安全监管工作，各地就必须通力配合、协调一致。但由于各地管理部门不同，要真正做到这一点还存在着较大的障碍。在当前条块分割的管理体制下，跨地区、跨部门的信息传递效率较低，时效性受到很大影响。国务院颁布施行《饲料和饲料添加剂管理条例》后，各地陆续制定颁布了相应的法规规章，有的设立了新的行政许可和审批项目，这又超越了《饲料和饲料添加剂管理条例》的基本管理制度，导致地区间管理矛盾加大。一些地区的管理部门或是工作能力跟不上，或是有狭隘的地方保护主义倾向，不能充分履行职责，饲料产品安全监管工作不力，这不仅对本地区经济发展和人民的身体健康造成了恶劣影响，而且随着畜产品的流通，还会对其他地区人民的身体健康造成危害。

由此可见，我国现阶段饲料安全问题的产生原因是非常复杂的。正是由于这些问题的存在，我国的饲料安全问题一直难以得到根除。能否在促进我国饲料产业持续、健康发展的同时，从根本上消除这些不利因素的影响，切实保证对于饲料安全监管到位，将是今后一段时期内我国各级政府面临的严峻挑战。

## （二）我国饲料产品结构失衡

饲料加工业就是为畜禽养殖业提供营养全面、品种齐全、适应畜禽不同品种、不同阶段生长需要的产品。我国畜牧业总体规模很大，但经营分散，与之相匹配的饲料产业也是产品数量大、经营分散。我国饲料加工产量很大，但饲料产品附加值较低，科技含量不高，经济价值也不高。而且由于饲料加工一般都是就近销售，因而饲料销售比饲料加工更加分散。

20世纪50年代，美国在其铁路沿线的粮食转运中心建设了一批大型饲料厂，并依靠铁路进行长途运输。但是，由于其供应距离过长，原料和饲料往返运输费用过高，其竞争力反而不如小规模饲料加工厂。后来美国的饲料工业不得不将规模缩小，并将饲料加工厂分散到粮食产区，结果降低了饲料经营成本，实现了饲料产业的稳定发展。

根据国内外饲料工业发展的经验，一般要求饲料加工厂的销售半径不宜超过 50 公里。我国饲料工业在起步时期主要是由国营粮食部门主导经营，在 20 世纪 90 年代末，全国粮食部门饲料生产能力曾一度占到全国饲料生产能力的 70% 以上，其余的 30% 以下则分布在农牧、水产、农垦和乡镇企业之中。

作为我国饲料工业骨干的粮食部门，在饲料工业发展过程中曾经起到了骨干和带头作用。但粮食部门受计划经济思想的影响，追求正规化建设，其饲料加工厂主要是建设在县级以上的城区，实际上却引起了饲料运输距离偏长的问题。随着我国市场经济的发展，我国饲料产业的发展布局也发生了变化，饲料生产更加接近畜禽养殖者，饲料的平均运输距离也在缩短。但我国饲料产品的结构依然不尽合理，饲料加工与原料采购和养殖业脱节的现象依然存在。

我国饲料产业结构也不合理，主要表现在：①饲料添加剂工业严重滞后，我国饲料添加剂的生产规模小、专业化程度低，很难适应饲料生产发展的需要，因此，必须对现有饲料添加剂生产企业进行调整，采取"扶优扶强"的发展战略，促使已经具有一定实力的添加剂生产企业向规模化和专业化发展。②由于我国自主开发能力比较弱，氨基酸、部分维生素、药物添加剂等，不仅品种少，而且产量低，进口依赖度仍然很高。长期以来，我国氨基酸的生产不能满足饲料工业的需要，尽管已投入了相当数量的资金用于蛋氨酸和赖氨酸生产装置的建设，但至今仍未能实现自给自足，这在某种程度上制约着我国饲料产业的发展。③饲料加工能力相对过剩，饲料企业普遍开工不足。全国饲料平均开工率为 50%，有相当一部分饲料企业规模小、设备陈旧、工艺落后、技术水平低，其饲料产品缺乏市场竞争力。

## （三）我国饲料工业布局不合理

近年来，饲料生产企业与养殖企业和食品加工企业联手开拓市场，已经成为国际饲料业发展的新趋势。然而从我国来看，这一新趋势并不明显。除个别大型饲料生产企业有自己的营销网络，产业化经营程度提高较快以外，绝大多数饲料企业生产的饲料产品都是直接进入各类市场，饲料的生产、流通和消费环节并没有被整合成一个完整的一体化链条。

在饲料生产、流通和消费脱节的情况下，对饲料安全的影响至少表现在以下三个方面：

一是，在激烈的市场竞争中，饲料生产企业为争取经销商，维持其市场份额，不得不将一部分利润让给中间环节，从而不仅使饲料生产成本进一步上升，盈利水平进一步降低，而且还使饲料产品质量下降的可能性进一步加大。

二是，饲料经营环节越多，饲料产品出现安全问题的概率越大。近几年来，饲料产品在运输、贮藏、分装以及销售过程中出现的质量问题并不少见，而经营环节过多也是导致出现饲料安全问题的原因之一。

三是，流通环节经营主体多样，从业人员的科学文化素质和专业素养差别很大。许多经营者对饲料产品的技术指标、专用性、使用规范等不能充分掌握，因而就使饲料产品的技术信息在向使用者传递过程中出现偏差。而且，由于饲料产品经营者本身也是以盈利为目的的，一些经营者隐瞒或夸大饲料产品的某些信息，误导或欺骗使用者，结果也会在饲料使用环节引发饲料安全问题。

## （四）有关饲料的法律体系、质量标准体系不够健全

饲料安全问题日益成为饲料行业监管的核心，而饲料工业标准化体系的建设就是保障饲料安全工作的重要组成部分。有关饲料的法律体系、质量标准体系是否健全，关系到饲料加工的安全卫生、饲料使用的科学合理、饲料监管的方法手段，以及饲料违法的责任追究与经济惩处，因此，各级政府必须予以高度重视。

同时，法制化、质量标准化也是保证饲料安全的关键环节。虽然我国饲料工业起步较晚，但在法规建设上已经做了许多工作，比如颁布了《饲料和饲料添加剂管理条例》及配套的管理办法，发布了与饲料有关的 200 项产品标准、检验标准和其他标准。目前，我

国有关饲料的法律体系、质量标准体系虽然已有一定的基础，但在实际工作中仍存在不少问题。比如，行业标准体系、企业标准体系的制定和实施仍不够健全，法律体系还不够完善等。

目前，在我国允许使用的饲料添加剂品种中，仍有许多没有制定科学、统一的标准和使用规范，这严重影响着我国饲料质量监管工作的顺利开展。目前，各地违禁药品检测均使用国外或国际标准，其使用方法不一致、对比性差。因此，亟须制定我国的国家标准或行业标准。另外，我国的检测手段也相对落后。我国饲料产品质量检测技术与国外先进技术水平相比，仍然存在较大的差距。目前，我国兽药饲料监测机构仍是以常量和微量级检测项目为主，而国际上的兽药饲料卫生安全指标往往是痕量级，甚至是超痕量级的。同时，我国检测经费匮乏，仪器设备陈旧，检测覆盖范围小，已经不能适应行业监督管理和行政执法的需要。因此，我国目前的饲料监督管理方式急需转变。

### （五）养殖经营分散，缺乏足够的技术支撑

分散饲养是当前我国养殖业生产的主要模式。这一模式在我国有悠久的历史，符合我国的资源条件，也适应现阶段我国农村经济发展的水平。但是，分散养殖对饲料安全的负面影响很大，这一点不能忽视。首先，与规模化的养殖企业相比，农户在畜禽疫病防治、饲料产品鉴别和科学使用等方面的知识相对欠缺，饲养条件也相对较差。因此，虽然饲料产品的使用量较少，但因不合理使用饲料产品而造成安全问题的可能性却比较大。其次，千家万户分散饲养加大了技术服务和监督管理的难度，对于其中存在的安全隐患也难以及时发现。一旦发生问题，就会造成较大范围的影响。

我国饲料产业的发展也缺乏足够的技术支撑和人才支撑，造成这种现象的原因有四个方面。

第一，饲料产业发展中出现的一些新的技术问题尚未得到有效解决。近年来，越来越多的新材料、新工艺被饲料行业所采用，这一方面促进了我国饲料产业的发展，但同时也对饲料安全提出了新

的挑战。我国饲料科研水平较低，行业的整体技术水平同国际先进水平存在较大的差距，特别是对以生物工程、信息技术为代表的高新技术研究不够。当前，转基因作物及其副产品对动物健康和畜产品安全的影响，饲料中抗生素、激素、安定类药品残留对人体的危害，动物性饲料的安全性等一系列问题，都是政府部门和学术界争论的焦点问题。对这些新的问题不进行更深入的分析和研究，要克服由此产生的饲料安全问题就是一句空话。

第二，技术人才的专业知识未能得到有效发挥。由于养殖业在我国国内经济发展中的地位较低，养殖业的从业人员待遇也较低，因而使大量具备养殖专业知识的大学毕业生不愿意从事养殖业，这就使我国养殖业的发展更加缺乏技术支撑和人才支撑。国家的教育配套体系和社会用人实际不对称，加之饲料行业利润低，这也造成饲料领域的科研成果难以转化成实际生产力，从而制约了饲料行业的进一步发展。

第三，我国的科研体制与饲料产业的发展也不相适应。由于发展水平的限制，我国多数饲料企业自身的科研能力不够强；同时，由于科研体制改革相对滞后，饲料业发展也难以得到足够的外部支持。长期以来，我国的饲料科研单位大多集中在农业科研院所和高等农业院校，几乎每个省（自治区、直辖市）都有类似的饲料科研单位。这种部门地区分割、科研经费及科研人员高度分散，降低了饲料科研工作的效率。另外，现实中也存在着科研与生产和市场脱节的现象，这不仅使许多科研成果不能得到有效转化，而且也使饲料生产企业在提高产品质量、改进生产工艺、提高管理水平等方面的需求难以满足。

第四，我国技术推广和服务体系的职能难以充分发挥。从饲料消费环节（养殖场和养殖农户）来看，我国农村基层的畜牧科技推广和兽医服务体系建设急需加强。我国畜牧科技人员长期沉淀在草原站、畜牧站和畜禽繁育改良站，他们难以深入到畜牧业生产实践之中，或是根本没有积极性深入到畜牧业生产实践之中。而乡、村两级的兽医防疫人员及相应的仪器和设备又相当缺乏，整体服务能力难以适应畜牧业发展。在这种情况下，农村广大养殖户很难得到养殖技术以及饲料安全使用方面的指导和服务，饲料在使用中出现安全问题也就在所难免。

# 第四节 保障我国饲料安全的几点建议

## 一、运用现代科学技术成果，实现饲料配合化

现代科学技术的发展全方位地推动了畜牧业的现代化，实现饲料配合化就是现代科技推动畜牧业现代化的显著表现之一。

由于饲料互补性规律，为了提高饲料的利用效果，就需要将多种含有不同营养物质的饲料配合使用。因条件所限，这一规律长期以来不能被准确认识和自觉运用。但随着科学的发展，人们对这一规律的认识也在逐步深入和具体。由于动物营养学的进展，人们可以准确掌握各种家畜在不同生长阶段的营养需要，以及因性别、年龄、体重、生产指标及所处环境不同而产生的差异情况，从而可以制定出科学的饲料营养标准。

再由于营养化学的进展，可以分析出每种饲料能被家畜吸收利用的营养物质及其含量，以及各种营养物质的生理作用，从而可以配制全价饲料，以达到所供给的营养物质准确地符合家畜生长需要，实现所有营养物质的供求平衡。实现家畜营养的"既无不足、又无多余"已经成为可能。这样既能全面满足家畜的营养需要，又充分发挥了饲料的效用，成本低效益好。这些科研成果运用到生产实践中，就需要依靠先进的饲料工业技术来作为支撑。

配合饲料的加工设备是以饲料粉碎机、配料机和搅拌机三大主机为中心，用以实现高度粉碎、精密计量、强力搅拌，以达到配合高度均匀的要求。由于有些微量元素在饲料中的含量只有百万分之几，而且某些微量元素的需要量与致毒量相差甚小，因而生产配合饲料的难度很大，特别是对混合的均匀度要求极高。因为只有混合均匀，才能保证每个家畜所采食的饲料都是营养平衡的，而且还能

有效地避免由于微量元素的过量而产生的致毒性。

　　饲料工业技术水平主要体现在配合饲料的转化率和畜禽生产性能所达到的水平上，而配合饲料的技术核心就在于饲料添加剂。饲料添加剂使用的目的是为了补充不同畜禽营养成分的不足，防止饲料品质的劣化，改善饲料的适口性和动物对饲料的利用率，增强动物的抗病能力，促进动物的正常发育和加速生长，提高畜禽等产品的产量和质量。饲料添加剂是配合饲料的核心，饲料添加剂的科研、生产和应用水平反映着一个国家的饲料工业水平。

　　我国的饲料添加剂工业是 20 世纪 80 年代初期才起步的，经过几十年的努力，已经取得了很大的进展，但还是落后于饲料工业发展的要求。一方面，在产量上还不能满足需求；另一方面，在品种上还远落后于发达国家，美国和西欧国家饲料添加剂批准使用品种都在 300 个以上，而我国批准使用的品种只有 170 多种，其中还有不少属于进口品种，国内尚不能生产供应。

## 二、运用现代科技成果，开发饲料资源

　　我国饲料工业的任务不仅是要运用先进的科技成果来发展配合饲料，而且要运用先进的科学技术来开发饲料资源。发达国家的饲料工业一般都是以生产配合饲料为主，因为它们或者是有发达的饲料种植业，或者是有条件大量进口饲料原料，因而不存在饲料资源不足的问题，只是要解决好提高饲料利用率的问题，就能提高其经营效率。

　　但是，在我国还必须要解决饲料原料不足的问题。我国有重视饲料资源开发的传统，传统的农户养殖，其饲料资源就十分多样化，而且各具地方特色。现在，有了先进的饲料工业技术的武装，就更能够有效地开发新的饲料资源了。我国的饲料工业应当是生产配合饲料与开发饲料资源并重，这样才能更好地促进我国畜牧业的发展。

　　利用现代科学技术和饲料工业的平台，可以从以下几个方面来

开发饲料资源。

## （一）运用先进的工业技术来生产加工饲料

添加剂饲料和蛋白质饲料是我国的短缺饲料，运用现代科学技术开发和扩大生产添加剂饲料和蛋白质饲料，对于发展我国畜牧业具有重要的现实意义。生产单细胞蛋白质饲料是工业技术开发蛋白质饲料资源的重要途径。单细胞蛋白质饲料具有蛋白质含量高、繁殖快，可利用工业废弃物作培养基等特点。用基因工程改造菌种，组成人们所需要的"工程菌"，是提高单细胞蛋白质的质与量的新途径。

叶蛋白是从植物叶片中提取汁液后浓缩取得的蛋白质，其生产原料广泛且成本低廉，营养价值高，饲养效果接近鱼粉，高于大豆饼和花生饼等植物性高蛋白饲料，也是未来的蛋白质饲料来源之一。畜禽屠宰、肉品和皮革加工所产生的大量下脚料，比如筋骨、碎皮、羽毛、血液、内脏等，都含有丰富的全价蛋白质，都是难得的动物性蛋白质饲料来源，也是可拓展的蛋白质饲料来源。

非蛋白氮可以被反刍动物瘤胃微生物作为氮源来合成自身菌体蛋白，并被反刍动物所吸收利用。常用的非蛋白氮来源主要有尿素、氨、磷酸脲、聚合磷酸脲等。另外，在配合饲料中添加限制性氨基酸，可以通过提高饲料蛋白质利用率代替部分饲用蛋白质。这些途径都可以有效地解决我国蛋白质饲料供给不足的问题。

## （二）应用高新技术改善粗饲料品质，提高饲用价值

作物秸秆和秕壳等粗饲料，我国每年的产出量很大，如果能够改善其品质，提高其饲用价值，那将极大地丰富我国的饲料资源。

改善粗饲料品质的方法主要有：粗饲料热喷技术，可将秸秆、秕壳、蔗渣、野草、灌木、鸡粪等处理成良好的饲料原料；粗饲料氨化处理技术，可将秸秆和劣质牧草转化成优质饲料，保存时间较长而且不易霉变；利用生物制剂处理以改良粗饲料品质的技术，英国、美国和芬兰的试验表明，使用酶混合物 DEEZYME 制剂，能

明显降低粗饲料的纤维素含量，促进含有大量茎秆的迟收作物材料的预消化，促进乳酸的形成，有助于反刍家畜瘤胃迅速消化吸收。

### （三）开发非常规新饲料资源

许多国家广泛利用农业副产品和加工工业下脚料，来作为配合饲料的原料替代部分谷物，荷兰在这方面已经取得了显著的成就。荷兰是世界上生产优质配合饲料利用谷物最少的国家，其经验值得我国借鉴。

俄罗斯、美国、新西兰、加拿大、澳大利亚、菲律宾、日本等国已在木本饲料生产上做了大量研究工作，并取得了新的成果。其研究成果表明，可以利用树叶加工成叶粉、叶绿素、胡萝卜素等饲料添加剂。我国已经试验利用蔗渣制成饲料喂奶牛，日增重和产奶量均有较大的提高，而且饲料成本也大大降低了。

国外早就开始进行海藻的饲料开发利用，现已广泛应用于牛、马、羊、猪、鸡、貂等动物饲料中。试验结果表明，在猪、鸡日粮中添加海藻粉，能提高饲料的利用率，加快猪、鸡的生长速度，并有一定的保健作用。另外，木薯干粉含碳水化合物高达 80％以上，可作为高能量饲料，代替一部分谷物。除了根块以外，木薯叶也是一种良好饲料资源，木薯鲜叶中蛋白质含量为 7.1％，可制成浓缩叶蛋白。

鸡粪作为一种饲料资源，国外早在 20 世纪 50 年代就开始研究利用。鸡粪中含有一些未被消化的养分，干物质粗蛋白平均含量约为 28％。目前，许多国家利用鸡粪加工饲料，英国和德国的鸡粪饲料还进入了国际市场。国内近年来也对鸡粪的加工和利用开展了研究，已研制成功充氧动态鸡粪发酵机、微波鸡粪处理设备等。

## 三、不断提高我国饲料工业的水平

自从 20 世纪 70 年代以来，我国饲料工业从无到有、从小到大不断发展，已经取得了举世瞩目的成就，饲料工业生产能力已跃居世界第二位，这为我国畜牧业持续发展和全面实现现代化打下了良好的基础。但是，我国饲料工业依然存在着饲料生产企业规模偏小，数量偏多，加工能力相对过剩等问题，饲料产品科技含量低，饲料原料供给不足，饲料添加剂生产滞后于畜牧业生产发展的需求。

今后我国饲料工业在发展过程中，还要重点解决好以下几方面的问题。

## （一）饲料工业产业结构调整要与整个农业和农村经济结构调整相适应

要加快制定饲料工业结构调整政策，促进提升饲料原料的生产能力，促进饲料机械、饲料添加剂等行业的发展和产品的升级换代。要加强科技创新，逐步提高饲料机械和饲料添加剂的国产化程度，不断提高饲料工业的科技创新水平和其产品的技术含量。要使饲料工业产业结构调整与整个农业和农村经济结构调整相适应。

## （二）促进我国饲料工业布局的优化

饲料工业布局的优化要在国家及有关部门的组织下统筹规划，促进地区合理分工与协作，并逐步形成全国性、区域性和地方性多层次发展的格局。要遵循因地制宜的原则，发挥地区优势，使饲料工业与养殖基地、原料基地更加紧密地结合。还要推动地区间优势互补、协调发展，推进饲料工业生产的区域化和专业化协调发展。

## （三）加强现代企业制度建设，规范饲料企业的经营

要加强现代企业制度建设，促进饲料企业产权清晰、责权明确，建立完善的企业分配制度，充分调动广大职工和企业经营者的积极性。

## （四）调动社会各方面的科研力量，提升饲料工业的技术水平

要鼓励科研单位、大专院校、饲料企业和行业协会等组织积极参与，逐步建立起全国性的饲料技术交易平台，推进饲料领域高新

技术的产业化，加大饲料科研成果尽快转化为生产力。要充分利用世界贸易组织的"绿箱"政策，加强饲料科技培训、技术示范推广和咨询服务，开展饲料行业职业技能鉴定与培训，提高饲料企业技术人员的专业技能，全面提升我国饲料工业的技术水平。

## 四、各级政府要重视饲料安全监管工作，为实现饲料安全提供保障

饲料安全是关系食品安全和群众切身利益的大事，是全社会关注的热点。要生产出让消费者放心食用的卫生、安全、符合质量标准的优质肉、蛋、奶等畜产品，饲料品质和安全性是最基本的先决条件。饲料安全不仅是一个经济问题，也是严肃的政治问题，事关农民增收、畜牧业发展、社会稳定和食品安全。各级政府要充分认识发展饲料产业的重要性，尤其要重视饲料安全监管工作，为饲料安全体系建设提供切实的保障。

饲料行业的行政主管部门要做好饲料产业发展规划、实施分类指导、落实安全监管责任并做好协调服务工作。要发挥各级饲料行业协会的桥梁和纽带作用，促进饲料行业形成关于饲料安全的自律机制。同时，粮食购销企业要发挥仓储和质量检验等方面的优势，进一步做好与饲料企业的购销衔接，促进粮食转化增值。各级政府还要加大对饲料业的资金扶持力度，扶持资金重点用于饲料高新技术开发和推广工作，要支持饲料企业的设备更新和技术改造。同时，也要积极引导社会资金投向饲料行业。

饲料安全与粮食安全、食品安全同样重要，粮食安全实质上是保障饲料安全的基础，而饲料安全又是保障食品安全的基础。国家粮食安全是一个大系统，其建设目标就是要尽量使粮食供给与需求在时间与空间上实现同步与协调。随着人民生活水平的提高，人们在畜产品消费数量增加的同时，对于食品安全也给予了更多的关注。粮食作为饲料的原料直接影响到饲料安全，而饲料安全又直接影响到畜产品的食用安全。各级政府只有加强饲料安全监管体系建

设，才能为畜产品的食用安全提供切实的保障，也才能通过保障食品安全来实现乡村稳定发展和社会和谐安定。

## 五、完善饲料安全法律法规体系

要加强有关饲料安全的法律法规体系建设，为实现饲料安全管理奠定坚实的法律基础和制度基础。

首先，要完善饲料管理法规，加大执法力度。要抓紧起草有关饲料、饲料添加剂的配套法规和管理办法，完善饲料安全监管制度。要全程监控饲料和饲料添加剂生产、经营和使用，切实抓好饲料质量安全监管工作。同时，还要加强普法宣传，加大执法力度，各有关部门和各级政府要认真贯彻执行《饲料和饲料添加剂管理条例》，切实履行饲料管理和监督的职责，并对《进口饲料和饲料添加剂登记管理办法》《允许使用的饲料添加剂品种目录》和《动物性饲料管理办法》中已不适用的部分进行修改，并制定出相关法律法规及配套实施条例，使饲料安全管理有法可依。

各级饲料管理部门还要制定饲料安全突发事件防范预案，建立有效的预警机制，并会同公安、工商、药监、环保、质检等行政主管部门，坚决查处在饲料生产、经营和使用中添加违禁药品的行为。要加强对进口饲料、饲料添加剂的检验检疫，严密监控动物性饲料、转基因饲料产品的质量安全和市场流向，消除各种安全隐患，确保饲料产品质量安全。通过整顿和规范饲料产品的市场秩序，对于生产不合格饲料产品和安全隐患较多的饲料企业，要勒令其停产整改，并实施跟踪监测。对于违法使用违禁药品和发生重大饲料质量安全事故的饲料企业，要取消其生产和经营资质，并依法追究有关责任人的法律责任。

## 六、要完善和健全饲料质量标准体系

在饲料中添加违禁药物等违法行为之所以屡禁不止，就是我国的质量监督不够到位。加之我国畜牧业生产地域分散，现有的监督检测机构数量与检测能力与社会需求之间存在较大的差距。因此，当务之急是应抓紧研究、制定和完善我国的饲料标准体系。在逐步提升现有的饲料原料和产品质量标准的基础上，加紧修订和完善饲料卫生安全强制性标准，尽快制定转基因和动物性饲料检测方法标准等。

要重点扶持一批国家级骨干饲料科研机构，为各类饲料标准体系建设提供技术支持。当前，应优先制定饲料生产和畜禽饲养过程中使用禁用药品的速测方法与标准，以及允许使用的药物饲料添加剂检测方法与标准。要以国家级饲料监测中心为龙头，省部级饲料监测中心为骨干，地、县级饲料监测站为基础，进一步加强饲料监测体系建设工作。

要加快实施饲料安全工程，改善饲料监测机构的基础设施条件。要建立全国饲料安全信息网络，完善饲料产业信息采集和发布程序，逐步把饲料监测机构建设成饲料产品质量检测评价中心、市场信息发布中心、技术咨询服务中心和专业人员培训中心，以提高我国饲料质量安全监测体系的整体水平。

## 七、加快饲料产业结构调整，使产业结构趋于合理

要加快饲料工业结构调整，使我国饲料工业结构趋于合理，以促进饲料安全保障措施的落实。

我国已经加入WTO，随着经济全球化发展趋势的加剧，我国的饲料市场必须要与国际市场接轨，饲料行业的国内外竞争必然会越来越激烈，国内饲料工业结构调整的步伐也必须加快。饲料产业结构调整的原则是以市场为导向，以企业为主体，以技术进步为支撑，在产业转型升级上下功夫。只有如此，我国饲料产业才能实现可持续发展，饲料安全体系建设才能逐步完善，饲料安全也才能有所保障。

首先，要进一步发展饲料添加剂工业，促进我国饲料工业均衡

发展。饲料添加剂是配合饲料的核心，是提高饲料转化率的关键所在，是从数量和质量上保障饲料安全的关键环节。为此，要重点发展赖氨酸、蛋氨酸、维生素、酶制剂等添加剂的研发与生产，提高其国产化程度，扭转过度依赖进口的局面。未来我国饲料工业的发展要集中与分散相结合、大规模与适度规模相结合，使饲料生产与畜禽养殖环节相匹配。

其次，在饲料加工业中主要发展生猪、家禽、奶牛等饲料加工企业，调整饲料企业产品结构。当前，我国饲料企业最大的问题是对市场变化不敏感，对市场发展没有预见性，大部分企业饲料产品结构雷同，市场竞争主要集中在价格竞争上。因此，饲料企业要有针对性地开展专项调研，有的放矢地调整自身的产品结构。

第三，要大力发展饲料资源工业，提高资源的利用效率。现实而行之有效的办法是，对棉籽粕、菜籽粕进行工业化去毒处理，对食品工业的下脚料、糟渣类进行工业化脱水烘干后再进行有效利用，以替代饲料粮的使用。

## 八、深化饲料企业改革，加快饲料产业重组

要进一步深化饲料企业改革，推进饲料质量安全认证工作，促进名牌产品在质量安全方面发挥示范作用。

首先，要完善饲料企业经营机制，提高饲料企业产业化经营水平，重点培育和扶持一批起点高、规模大、竞争力强的核心饲料企业和企业集团。要鼓励饲料企业采取"订单农业""公司＋农产"等方式，把原料生产、加工、销售等相关环节连结起来，形成较为稳定的产销关系和利益纽带。要充分利用"两个市场""两种资源"，加快我国饲料产业的对外开放的发展步伐。要建立和完善饲料产业的支持服务体系，及时跟踪国际先进的技术信息，充分发挥饲料行业协会在市场准入、信息咨询、价格协调、纠纷调解和行业损害调查等方面的积极作用，促进我国饲料产业健康发展。

其次，要推进饲料质量安全认证工作。饲料产品认证是一种提供饲料产品信誉的标志制度，是加强饲料产品质量管理的一项重要举措。鉴于饲料加工业是食物安全链条上的重要一环，只有将全行业引导到依靠保障饲料安全、绿色生态和优质优价上来，才能改变目前饲料企业仅靠降价竞争的局面。应根据我国饲料行业的现状，着重推行 HACCP 认证和 ISO9000 认证工作。要鼓励质量安全工作基础较好的饲料企业积极组织申报认证，提高饲料产品的市场竞争力。

第三，饲料行业要制定自身的发展战略。养殖业的发展与饲料业的发展是互动的，而绿色营销战略是一种必然的选择。饲料安全是食品安全的一个重要环节，是实施可持续发展战略的基础，每个饲料企业都要树立起"饲料安全支撑食品安全"的新理念，主动实施饲料安全保障的管理措施。国家要投资加速研制并推广安全、无污染、高效的饲料添加剂，大力推动专用饲料和饲料科学配方技术的普及，加强生物工程技术及饲料营养理论的研究，加速科研成果的转化，提高信息网络技术在饲料生产和经营中的应用水平。

还要通过加快产业重组，促进饲料业及相关产业持续健康发展。首先，要通过宏观调控手段支持企业走扩大和兼并重组之路，从根本上改变我国饲料企业数量多、设备简陋、技术力量薄弱、产品良莠不齐、恶性竞争的局面。要把深化饲料企业改革和强化科学管理结合起来，建立和健全饲料企业内部质量管理制度，引导饲料企业构建稳定的营销网络，积极扶持发展饲料产品连锁、配送等现代流通方式。其次，要进一步推进农村经济结构的战略性调整，发展畜牧业是增加农民收入的重要途径，是提高乡村经济活力的有力措施。饲料产业的健康发展，可以进一步带动和促进相关行业的发展，也有利于促进生态环境的保护和改善。饲料业既与种植业密切相关，又与养殖业紧密相连，因此有目的的培育并形成"种植业→饲料业→养殖业→畜产品加工业"的一体化经营组织，就能加快实现我国畜牧业产业化经营的发展步伐。

# 第五节　安全高效动物消毒药剂的使用

## 一、使用安全高效动物消毒药剂的意义

当前，我国养殖业（畜牧养殖业、水产养殖业等）已进入一个快速增长的时期。近年来，全国畜牧养殖生产尽管受到了一些疾病的影响，但每年全国肉类、奶类、蛋产量均有新的增长。同样我国水产养殖总量已占到了全球养殖总量的 70%，已经成为世界上绝对的水产养殖第一大国。

尽管我国畜牧养殖总量大，但平均规模小，全国生猪、肉牛的规模饲养率只有 40%。由于饲养分散、饲养水平低，我国畜禽饲养的发病率和死亡率都比较高，使得我国畜牧业经营的经济损失严重。据有关研究资料显示，我国猪的死亡率约为 10%～12%，牛的死亡率约为 2%～5%，羊的死亡率约为 7%～9%，其他大家畜死亡率为 2%，禽的死亡率约为 15%～18%。每年因疾病造成的直接经济损失可达 200 亿元人民币。

动物消毒药剂是我国畜牧业经营的重要投入品之一。为了减少因疾病而造成的巨大经济损失，同时也使我国养殖业的整体养殖水平得到不断提高，就需要科学地研发和使用动物消毒药品，以预防及控制畜禽养殖、水产养殖中的疾病发生和传播。

使用动物消毒药剂，进行彻底、规范的消毒，再加上科学免疫手段，就能有效、方便的预防及控制畜禽疾病的传播和扩散，真正做到"防患于未然"。

## 二、消毒药剂在畜禽养殖中的重要作用

### （一）动物疫病的分类及预防、控制手段

在《中华人民共和国动物防疫法》中，根据动物疫病对养殖业生产和人体健康的危害程度，规定了管理动物疫病分为下列三类：

一类疫病，是指对人畜危害严重、需要采取紧急、严厉的强制预防、控制、扑灭措施的。

二类疫病，是指可造成重大经济损失、需要采取严格控制、扑灭措施，防止扩散的。

三类疫病，是指常见多发、可能造成重大经济损失，需要控制和净化的。

畜禽养殖场日常应严格依法预防疫病；当发生动物疫病时，地方政府要组织有关部门和单位采取隔离、扑杀、销毁、消毒、紧急免疫接种等强制性控制、扑灭措施，迅速扑灭疫病，并通报毗邻地区。

## （二）倡导"健康养殖"理念，树立"防患于未然"的养殖观念

在畜禽动物养殖过程中，一旦发生重大疫情，像禽流感、口蹄疫等疫情，就必须马上采取隔离、扑杀、销毁、消毒、紧急免疫接种等强制性控制措施，只有这样才能有效控制畜禽养殖企业或经营者的经济损失，并保障畜禽养殖行业的健康发展。

在畜牧业领域，人们对动物疾病的治疗研究很多，但对于如何使动物不得病或少得病就研究得很少。尽管人们都在强调对于疾病预防很重要，动物接种疫苗也很重要，但是防病的第一道关卡其实是消毒，人们对于消毒却研究的很少，对于养殖场和养殖动物进行消毒做得也很差。

有些养殖场甚至根本就不做消毒工作，结果是饲养动物的发病率和死亡率都较高。兽医师们忙于用药物对生病动物进行治疗，结果支出了大量的治疗费，再加上病死畜禽的损失，养殖场经济损失很大，养殖水平也难以提高。

大力倡导畜禽"健康养殖"理念是畜牧业固本强身的根本，也是畜牧业实现增产增效的前提。在"健康养殖"环境下，养殖动物健康成长，其胃口就好、采食也量大、营养吸收快、饲料转化率就高。而对于养殖场所和养殖畜禽的消毒就是避免疫情发生、"防患

于未然"的基本举措。

在"健康养殖"理念指导下，科学的使用消毒药品，就能减少疫病的侵扰，畜禽就能快乐生长、消化吸收好，养殖者就能减少养殖风险、缩短养殖周期、获得更好的经营效益。

一般认为，畜禽养殖经营的利润由三大部分构成，即优良品种、畜禽营养和病害控制。这三大部分在畜禽养殖经营所获利润中各占比重为30%、40%、30%，其公式表达如下：

畜禽养殖利润（100%）＝优良品种（30%）＋畜禽营养（40%）＋病害控制（30%）

在养殖畜禽品种一定的情况下，畜禽饲养管理（即提供适宜的生活环境、提供充足且均衡的营养、规范的病害控制措施）在畜禽养殖总获利中占到了70%的比重。但畜禽养殖经营者如何才能把握住这70%的利润，则在很大程度取决于健康科学的饲养和落实"疾病预防理念"（即病害控制）上。

畜禽养殖场只有落实科学规范的防疫措施（主要包括消毒、免疫等），才能保证畜禽动物的健康生长。这其中彻底规范的消毒，就是切断疫病传播途径和传染源、杀灭病原体的重要防范措施。落实消毒措施是最有效的防疫方法，是"花小钱、省大事"的举措。而那些不明智的养殖者不采取规范的消毒措施，则会"省小钱、出大事"，经营风险极大，造成经济损失的风险也极大。

## 三、畜禽养殖消毒药剂的分类及性能

### （一）按消毒药剂的用途分类

按消毒药剂的用途来分类，可以分为养殖环境消毒药剂和畜禽体表消毒剂（包括饮水、器械等）两大类。

### （二）按消毒药剂的杀菌能力分类

高效（水平）消毒药剂：即能杀灭包括细菌芽孢在内的各种微生物的消毒药剂。

中效（水平）消毒药剂：即能杀灭除细菌芽孢在外的各种微生物的消毒药剂。

低效（水平）消毒药剂：即只能杀灭抵抗力比较弱的微生物，不能杀灭细菌芽孢、真菌和结核杆菌，也不能杀灭如肝炎病毒等抗力强的病毒和抗力强的细菌繁殖体的消毒药剂。

### （三）按消毒药剂的物品性状分类

按消毒药剂的物品性状来对畜禽养殖消毒药剂进行分类，可以分为固体类、液体类、气体类三大类。

### （四）按消毒药剂所含物质的化学性质分类

**1. 过氧化物类消毒剂**

是指能产生具有杀菌能力和活性氧的消毒剂。比如，过氧乙酸、过氧化氢、过氧戊二酸、臭氧、二氧化氯等。

**2. 含氯消毒剂**

是指在水中能产生具有杀菌活性的次氯酸的消毒剂。包括以下两类。

（1）有机含氯消毒剂：比如，二氯异氰尿酸钠、二（三）氯异氰酸、氯胺-T、二氯二甲基海因、四氯甘脲氯脲等的消毒剂。

（2）无机含氯消毒剂：包括漂白粉（$CaOC_{12}$）、漂白粉精［高效次氯酸钙 $Ca(ClO)_2 \cdot 2H_2O$］、次氯酸钠（$NaClO \cdot 5H_2O$）、氯化磷酸三钠（$Na_3PO_4 \cdot 1/4NaOCl \cdot 12\ H_2O$）等。

**3. 碘类消毒剂**

是指以碘为主要杀菌成分制成的各种制剂。一般来说可分为：

（1）传统的碘制剂：碘水溶液、碘酊（俗称碘酒）和碘甘油。

（2）碘伏（Iodophor）：是碘与表面活性剂（载体）及增溶剂等形成稳定和络合物。有非离子型、阳离子型及阴离子型三大类。其中非离子型碘伏是使用最广泛、最安全的碘伏，主要有聚维酮碘（PVP-I）和聚醇醚碘（NP-I）；尤其聚维酮碘（PVP-I），我国及世界各国药典都已收入在内。阳离子型：是元素碘与阳离子表面活性剂等形成的络合物，例如，季铵盐碘。阴离子型：是元素碘与阴离子表面活性剂等形成的络合物，例如，烷基磺酸盐碘。

（3）其他复合型：指碘酸溶液（百菌消：碘、磷酸、硫酸、表面活性剂）等。

**4. 醛类**

能产生自由醛基在适当条件下与微生物的蛋白质及某些其他成分发生反应。包括甲醛、戊二醛、聚甲醛等，目前最新的器械醛消毒剂是邻苯二甲醛（OPA）。

**5. 酚类消毒剂**

苯酚是酚类化合物中最古老的消毒剂，20世纪70年代以前广泛用于医学和卫生防疫消毒。由于其杀菌效力低，再加上对环境造成一定的污染，目前已不主张大量使用。而且已被更有效、毒性低的酚类衍生物所取代。比如，卤化酚（氯甲酚）、甲酚（煤酚皂液又称来苏儿）、二甲苯酚和双酚类、复合酚等。

**6. 醇类消毒剂**

其杀菌效果属于中等水平，主要用于皮肤消毒。常用的有乙醇、正丙醇和异丙醇。

**7. 杂环类消毒剂**

主要有环氧乙烷、氧丙、乙型丙内酯等。

**8. 双胍类及季铵盐类消毒剂**

为低效消毒剂，是阳离子型表面活性剂类消毒剂，主要有：氯已定（洗必泰）等二胍类消毒剂，包括苯扎溴铵（又称新洁尔灭或溴苄烷铵，即十二烷基二甲基苯甲基溴化铵）、度米芬（又称消毒宁，即十二烷基二甲基乙苯氧乙基溴化铵）；双链季铵盐消毒剂，包括百毒杀（50%双癸基二甲基溴化铵）、新洁灵消毒液〔溴化双（十二烷基二甲基）乙撑二铵〕、四烷基铵盐（拜洁）。

**9. 其他类型消毒剂**

高锰酸钾、固体氧化电位次氯酸钠消毒剂等。

**10. 酸碱类**

包括醋酸、烧碱（火碱/氢氧化钠）、石灰等（仅作为一次性空舍消毒）。

**11. 复方化学消毒剂**

复方化学消毒剂配伍类型主要有两大类（配伍原则）：消毒剂与消毒剂，为两种或两种以上消毒剂复配，例如季铵盐类与碘的复配、戊二醛与过氧化氢的复配其杀菌效果达到协同和增效，即 $1+1>2$；消毒剂与辅助剂，是一种消毒剂加入适当的稳定剂和缓冲剂、增效剂，以改善消毒剂的综合性能，如稳定性、腐蚀性、杀菌效果等，即 $1+0>1$。

## 四、畜禽养殖消毒的误区及忽视的原因

### （一）畜禽养殖场忽视消毒防疫的原因

首先，畜禽养殖消毒不能直接产生经济效益。消毒药不同于治疗性药物，像抗生素等兽药，一旦给动物使用，就会立竿见影、起死回生。养殖者认为这样就挽回了巨大的经济损失。

其次，就是有些养殖场不做消毒时也没有畜禽发病。养殖者由此认为消毒是一件可做可不做的事。其实，这只是这家养殖场偶然的运气好，如果一直不重视消毒工作，日积月累终究要发病，到那时或许就要面临难以挽回的巨大损失。

第三，就是某些养殖者认为，做过消毒但也发病了，因此认为做不做消毒差别不大。其实，做不做消毒差别很大。也许是这家养殖场消毒不彻底或消毒方法不正确，因而没有产生消毒应有的效果；也许是疫情严重，原有的消毒措施不足以抵御疫情。但无论如何，消毒都是最基本、最廉价的抗病举措，也许消毒不足以完全抵御疫情的发生，但是疫情会由于消毒的举措而减少或减轻。

第四，市场上的劣质消毒产品影响了养殖者使用消毒药剂的信心。我国畜禽养殖消毒药剂整体质量偏差，大量低价、劣质的消毒药剂产品充斥市场，这是使广大养殖经营者无从选择，也带来了使用消毒药剂但没有取得应有的消毒效果的后患，并由此动摇了养殖者使用消毒药剂的信心。

### （二）畜禽养殖场使用消毒药剂的误区

误区之一：未发生疫病就可以不进行消毒。

畜禽养殖消毒的主要目的是杀灭传染源的病原体。疫病发生要有三个基本环节：传染源，传播途径，易感动物。在畜禽养殖中，有时没有疫病发生，但外界环境存在传染源，传染源会释放病原体，病原体就会通过空气、饲料、饮水等途径，入侵易感畜禽，从而引起疫病的发生。如果养殖场没有及时采取消毒措施来净化环境，那么环境中的病原体就会越积越多，当达到一定程度时，就会引起疫病大暴发。因此，在未发生疫病地区，养殖户仍然需要进行消毒，以防患于未然。

误区之二：在消毒前，不对环境进行彻底清理。

由于养殖场内外存在大量的废弃有机物，比如粪便、饲料残渣、畜禽分泌物、体表脱落物，以及鼠粪、污水或其他污物等。这些有机物中藏匿有大量的病原微生物，会消耗或中和消毒药剂中的某些有效成分，严重降低消毒药剂对病原微生物的作用浓度。所以，对环境进行彻底的清理，是实现有效消毒的前提。

误区之三：已经消毒的畜禽就不会再发生传染病。

尽管进行了消毒，但并不一定就能收到彻底的消毒效果。这与选用的消毒药剂品种、消毒药剂质量及消毒方法有关。即便是已经进行了彻底规范的消毒，短时间内会相对安全，但许多病原体仍可以通过空气、飞禽、老鼠等媒体传播，再加上养殖动物自身不断污染环境，也会使环境中的各种致病微生物大量繁殖。所以，养殖场必须定时、定位、彻底、规范的进行消毒，同时还要结合有计划地免疫接种，才能做到养殖动物不得病或少得病。

误区之四：消毒药剂气味越浓、消毒效果越好。

消毒效果的好坏，主要与其杀菌能力、杀菌谱有关。目前，国际上一些先进的、效果好的消毒药剂并没有什么气味，比如聚维酮碘、聚醇醚碘、过硫酸盐等。相反，有些气味浓重、刺激性过大的消毒剂，却存在着消毒盲区。而且气味浓重、刺激性过大的消毒剂，还会对畜禽呼吸道、体表等产生一定的伤害，反而容易引起畜禽呼吸道疾病。

误区之五：养殖场长期固定使用单一消毒剂。

同一个养殖场长期固定使用单一消毒剂，细菌、病毒也可能会对此产生抗药性。同时，由于杀菌谱的宽窄，消毒药剂可能不能杀灭某种致病菌，致使其大量繁殖。因此，同一个畜禽养殖场最好使用几种不同类型的消毒药剂，并实施轮换使用，其消毒效果会好一些。

## 五、树立"消毒防疫"理念，建立和完善《养殖场消毒防疫管理规范》

### 1. 树立"消毒防疫"理念

这是科学养殖和健康养殖的基础，一定要认识到：彻底、规范的消毒是养殖场疾病预防和控制最有效、最便捷的途径。目前，养殖场在畜禽饲养中消毒药剂的使用上存在着以下问题：

（1）日常使用消毒药剂不严格、不规范。有些养殖场少用或不用消毒药剂；有些养殖场采用廉价消毒药剂产品；当发生疫情时，有些养殖场又不计成本的使用价格昂贵的进口消毒药剂产品。

（2）养殖场缺乏对不同种类消毒剂性能及使用方法的充分了解，因而会产生一些不科学、不规范使用消毒药剂的行为。

（3）多数养殖场不具备检验消毒药剂质量的条件，没有相关的检测设施和相关的检测人员，因而难以掌控消毒药剂的质量和使用效果。

（4）养殖场在日常经营管理中，普遍缺乏对于消毒环节的监督保障机制，特别是没有关于消毒的关键控制点和取得消毒效果的综合评判机制。

（5）养殖场人员的科学养殖素养普遍有待进一步提高。随着养殖人员的科学素养逐步提高，人们对于畜禽养殖消毒的重视程度也会逐步提高，科学养殖和健康养殖就会越来越普及，养殖畜禽的发病率就会降低，养殖场的盈利水平也会逐步提高。

畜禽养殖场要建立和完善企业自己的《养殖场消毒防疫管理规范》，并通过规范消毒环节，实现疫病发生率降低、疫病侵害程度降低，以保障养殖畜禽健康成长，以促进养殖场经营效益的稳步提高。

**2. 养殖场应该建立一套完整的适合企业自身的《养殖场消毒防疫管理规范》**

（1）养殖场要找出自身潜在的致病源（或污染源）、传染途径及关键控制点。比如，固定病源：饲料、水源、粪便池、空气及周边环境设施等；动态病源：人、养殖动物、外来飞禽、蚊虫、猫、鼠等。

（2）养殖场要分析影响消毒效果的主要因素有哪些，如何克服这些影响因素。

（3）养殖场需要建立相应的控制致病源的方法，以及相关的检验检测手段。

（4）在养殖场饲养管理制度中，应建立有关消毒的监督保障管理制度，以保证使消毒环节做到随时、随地的受控状态。

（5）养殖场要完善现场操作记录制度，并将消毒环节纳入其中，使消毒成为管理审核的重要内容。

（6）要定期培训养殖场的现场操作人员，规范其消毒的工作规程，以提高消毒工作的质量。

## 六、养殖场消毒药剂的生产及应用状况

我国养殖场消毒药剂的产品质量状况不容乐观。在 2003 年我国暴发"非典"的时期，卫生部公布的消毒药剂产品质量检查结果表明，全国 1 500 家生产消毒药剂的企业（包括医用、公共卫生用、环境用），其消毒药剂产品合格率不足 10％。

目前，我国的兽用消毒药剂（养殖场使用消毒药剂）的生产情况也不尽如人意。

首先是生产经营企业规模小、生产的专业消毒剂品种少。在现有的 2 700 家兽药生产企业中，只有 800 余家有生产消毒药剂的车

间，在目前 400 多家通过 GMP 验收的企业中，生产专业消毒药剂的企业不足 10 家。

其次是我国畜禽养殖消毒药剂品种单一，一般企业只生产一种产品或一类产品，而且消毒药剂的质量不高。从农业部在全国范围内抽查的结果来看，主要问题是：

（1）有效成分不足，有的有效成分甚至不足标示量一半。

（2）多数产品为低价替代品，最突出的就是用季铵盐碘冒充聚维酮碘、用混合酚冒充氯甲酚等。

（3）消毒药剂的稳定性差，大多是使用劣质原料生产，生产工艺水平低，包装材料也差。

（4）特别是聚维酮碘溶液，很多企业都标有效期为 2 年，但实际的有效期可能只有 3 个月左右。

（5）生产企业随意夸大杀毒效果，将一些低效类消毒药剂说成是高效抗病毒、杀菌等。

（6）生产消毒药剂不规范，不按科学规范随意放大稀释倍数，致使消毒药剂难以产生消毒效果。

虽然目前我国的兽用消毒药剂的生产情况不尽如人意，但畜牧业的健康发展离不开消毒这一环节，畜禽养殖场的科学养殖和健康养殖也离不开消毒药品。作为我国畜禽养殖业的重要投入品之一，未来我国畜禽养殖消毒药剂的发展方向包括以下几个方面：①畜禽养殖消毒药剂要对人和动物安全，要实现对环境污染程度最低。②畜禽养殖消毒药剂要实现杀菌谱广、杀菌能力强、作用速度快。③畜禽养殖消毒药剂要实现稳定性好、毒性低、腐蚀性小、刺激性小，且易溶于水，便于使用。④畜禽养殖消毒药剂使用面广、使用量大，因此，生产经营企业只有做到"物美价廉"，便于使用，才能获得更大的市场份额。

# 第六节　畜禽兽药的安全使用

兽药是我国畜禽养殖业重要的投入品之一，其使用关乎养殖畜禽的健康，也关乎食用畜产品的最终质量安全情况。因此，要做好疫病防控，科学、合理、安全的使用兽药，这是保障我国畜产品食用安全的重要环节。

# 一、兽药概述

## （一）兽药的多重涵义

### 1. 概念

按照最新颁布的《兽药管理条例》，兽药是指用于预防、治疗、诊断动物疾病或者有目的地调节动物生理机能的物质（包含药物饲料添加剂）。兽药主要包括：血清制品、疫苗、诊断制品、微生态制品、中药材、中成药、化学药品、抗生素、生化药品、放射性药品及杀虫剂、消毒剂等。

### 2. 饲料药物添加剂属于兽药

药物饲料添加剂是指为满足特殊需要而加入动物饲料中的微量营养性或非营养性物质。其中的饲料药物添加剂，则指饲料添加剂中的药物成分，这部分亦属于兽药的范畴。

### 3. 兽药的一般分类

人们一般将兽药分成兽用生物制品和兽用化学药品两大类，也就是将疫苗、诊断液和血清等作为兽用生物制品，而将其他的兽药都归类为兽用化学药品。

### 4. 兽药必须科学使用

兽药在应用适当（科学使用）时，可达到防病治病、促进生长、提高饲料转化率的目的。但兽药如果用法不当或用量过大，却会损害动物机体的健康，因而就会变成畜禽毒药。

## （二）兽药的来源

兽药的来源很广泛，可分为天然药物、人工合成药物和生物技术药物。

**1. 天然药物**

是指未经加工或经过简单加工的药物，包括动物性药物、植物性药物和矿物性药物。

（1）动物性药物是来源于动物的药用物质，比如鸡内金、蜈蚣等。

（2）植物性药物又称中草药，比如穿心莲、大黄、板蓝根等。中草药的成分复杂，除含有水、无机盐、糖类、脂类和维生素外，通常含有一定生物活性成分，比如生物碱、苷、酮、挥发油等。

（3）矿物性药物包括天然的矿物质和经提纯或简单化学合成得到的无机物，比如芒硝、石膏、碳酸氢钠（小苏打）、硫酸钠等。

**2. 人工合成药物**

是指用化学合成方法制得的药物，比如恩诺沙星、地克珠利等。

**3. 生物技术药物**

是指采用微生物发酵、生物化学或生物工程方法生产的药物，包括抗生素、激素、酶制剂、生化药品、生物药品等。

## （三）兽药的分类

**1. 按给药途径分类**

主要分为口服给药、注射给药和局部给药三种方式。

（1）口服给药。比如药片、胶囊、粉散、药丸、糖浆、合剂等。

（2）注射给药。比如皮下注射、肌肉注射、静脉注射（静脉滴注）、腹腔注射、气管内注射等。

（3）局部给药。比如黏膜给药（眼药水、滴鼻剂、喷雾剂）、皮肤给药（消毒液、软膏、乳剂、贴剂）、阴道肛门给药（溶液、栓剂）等。

**2. 按药物来源分类**

包括天然药物、化学药物、抗生素、生化药物、生物制品、生物技术药物等。

（1）天然药物。包括直接取自自然界的植物、动物、矿物和它们的简单加工品，比如中草药等。

（2）化学药物。指采用化学合成方法制成的药物。比如乙酰水杨酸、安乃近等。

（3）抗生素。是指由真菌、放线菌及细菌等微生物培养液中提取的代谢产物，具有抗微生物、抗寄生虫、或抗癌作用的药物。比如青霉素、四环素、红霉素、庆大霉素、氟苯尼考等。

（4）生化药物。是指用生物化学方法，从生物材料中分离、精制而得到的药物。比如酶、激素、维生素、蛋白质、多肽、氨基酸等。

（5）生物制品。是指根据免疫学原理，用微生物或其毒素以及人和动物的血液、组织制成的药物。比如疫苗、类毒素、抗血清、诊断用抗原、诊断血清等。

（6）生物技术药物。是指通过基因工程、细胞工程、酶工程等高新技术生产出的药物。

**3. 按药物形态分类**

可将兽药分为固体兽药、半固体兽药、液体兽药三大类。

**4. 按药物剂型分类**

可以分为粉剂、散剂、可溶性粉剂、预混剂、丸剂（锭剂）、片剂、颗粒剂（冲剂）、胶囊剂、软膏剂、溶液剂、混悬剂、酊剂、流浸膏剂、浸膏剂、注射剂（溶液、混悬液、乳剂、油剂与粉针）、合剂（口服液）、灌注剂、滴眼剂、擦剂、气雾剂、消毒剂等。

### （四）兽药制剂与市场应用剂型

**1. 兽药制剂**

用适宜方法制成可直接用于动物的药物制品，包括兽药、禽药、渔药、蜂药、蚕药等。

**2. 市场应用剂型**

包括上述兽药剂型，市场应用剂型还包括栓剂、海绵剂、含药颈圈、消毒剂（固体、液体）、乳膏剂、眼膏剂、舔剂、硬膏剂、糊剂、浇泼剂（喷滴剂）、煎剂（浸剂）、醑剂等。

### （五）兽药的治疗作用与不良反应

**1. 兽药的治疗作用**

符合用药目的，达到预期的防治效果。

（1）对因治疗。是指能消除发病原因治疗，能起到"治本"的效果。

（2）对症治疗。是指仅能改善疾病症状的治疗，起到的只是"治标"的效果。

**2. 兽药的不良反应**

使用兽药会产生副作用，有时也会由于兽药使用不符合用药目的，因而产生对动物机体的有害作用。使用兽药产生不良反应的种类如下：

（1）副作用。是指药物在治疗时所产生的与治疗目的无关的作用。这些副作用有时会给动物机体带来的不良影响。

（2）毒性反应。药物用量过大或应用时间过长，会使动物机体发生严重的功能紊乱或病理变化。

（3）变态反应。是指某些个体对某种药物的敏感比一般个体高，因而用药后的表现有质的差别。变态反应也被称为过敏反应。

（4）继发反应。是指由治疗作用引起的，继发于治疗作用所出现的不良反应。

（5）后遗效应。是指停药后血药浓度已降至最低有效浓度时，残存的药理效应。

（6）耐受性和耐药性。是指多次连续用药后，动物机体对药物反应性降低的状态。

## 二、兽药残留的限量

兽药的最高残留限量（Maximum Residue Limit，MRL），即对食用动物用药后产生的允许存在于食品表面或内部的该兽药残留的最高限量。经检查分析，一旦发现样品中药物残留量高于最高残留限量，即为不合格食用畜产品，必须禁止其生产、出售和交易。

中国作为畜禽产品绝对的生产大国，其食品的进出口标准必须与国际接轨，相关的法律法规也必须与国际接轨。我国早已加入世界贸易组织，但由于国内没有做好兽药残留分析与最高残留限量标准的制定工作，因而在动物源食品的出口方面已经承受了巨大的国际压力。我国在建立和完善兽药的最高残留限量标准时，必须实现与国际接轨，只有这样才能适应我国畜牧业参与国际竞争的需要，也才能更好的保障我国畜产品的食用安全。

## 三、畜禽使用兽药的休药期

### （一）休药期的涵义

畜禽使用兽药的休药期，也叫做消除期，是指动物从停止给药到许可屠宰或它们的乳、蛋等产品许可上市的间隔时间。休药期是依据药物在动物体内的消除规律来确定的，也就是说，按最大剂量、最长用药周期来给药，停药后在不同的时间点进行屠宰，采集各个组织进行药物残留量的检测，直至在最后那个时间点采集到的所有组织中均检测不出此药物的含量为止。

不同的动物有不同的休药期，不同的药物也有不同的休药期。也就是说，休药期会随动物的种属、药物种类、制剂形式、用药剂量、给药途径及组织中的分布情况等，产生不同的情况，所以，不同动物、不同药物在休药期上都会有所差异。

经过休药期后，暂时残留在动物体内的药物会被分解至完全消失或降至对人体无害的浓度水平。这时再对动物进行宰杀处理，其畜产品就不会对人类的健康产生危害。

如果畜禽经营者不遵守有关休药期的规定，就会造成药物在动物体内大量蓄积，宰杀后的畜产品中的兽药残留量就会超过最高限量。当人们食用了这样的畜产品后，就会出现由于残留药物而导致的不适反应，严重时还可危机人的生命安全，甚至造成严重的食品安全事件。因此，畜禽养殖经营者必须严格执行休药期制度，这是保障畜产品食用安全的重要关卡。各级政府的监管机构一旦发现畜产品中的药物残留量超标，就必将对违法者给予严惩，这是维护正常的畜产品市场秩序和保障社会和谐安定的基本要求。

### （二）不同药物休药期的有关规定

由于休药期在保障畜产品食用安全中具有如此重要的作用，因而每个国家都十分重视贯彻执行养殖动物的休药期管理制度，我国也不例外。由于确定一种兽药休药期的工作很复杂，目前，我国只是针对一部分兽药制定了休药期，有关畜禽使用兽药的休药期规定还不够全面，还需要在今后的工作中不断加以完善。

我国已有的兽药休药期规定详见表5-2。

表5-2 不同兽药的休药期与使用方法

| 药物类别 | 药物名称 | 休药期（d） | 使用指南 |
|---|---|---|---|
| 抗微生物 | 青霉素钾 | 0 | 肌内注射，2万～3万单位/1kg体重，一日2～3次，连用2～3日。1mg＝1 598单位 |
| 抗微生物 | 青霉素钠 | 0 | 肌内注射，2万～3万单位/1kg体重，一日2～3次，连用2～3日。1mg＝1 670单位 |
| 抗微生物 | 普鲁卡因青霉素 | 7 | 肌内注射，2万～3万单位/1kg体重，一日1次，连用2～3日。1mg＝1 011单位 |
| 抗微生物 | 注射用苄星青霉素 | 10 | 肌内注射，3万～4万单位/1kg体重，必要时3～4日重复一次 |
| 抗微生物 | 苯唑西林钠 | 3 | 肌内注射，10～15mg/1kg体重，一日2～3次，连用2～3日 |
| 抗微生物 | 氨苄西林钠 | 15 | 肌内、静脉注射，10～20mg/1kg体重，一日2～3次，连用2～3日 |

（续）

| 药物类别 | 药物名称 | 休药期<br>（d） | 使用指南 |
|---|---|---|---|
| 抗微生物 | 头孢噻呋 | 0 | 肌内注射，3～5mg/1kg 体重，一日 1 次，连用 3 日 |
| 抗微生物 | 硫酸链霉素 | 0 | 内服，仔猪 0.25～0.5g，一日 2 次。肌内注射，10～15mg/1kg 体重，一日 2～3 次，连用 2～3 日 |
| 抗微生物 | 硫酸卡那霉素 | 0 | 肌内注射，10～15mg，一日 2 次，连用 2～3 日 |
| 抗微生物 | 硫酸庆大霉素 | 40 | 肌内注射，2～4mg/1kg 体重，一日 2 次，连用 2～3 日 |
| 抗微生物 | 硫酸新霉素 | 3 | 内服，10mg/1kg 体重，一日 2 次，连用 3～5 日 |
| 抗微生物 | 硫酸阿米卡星 | 0 | 皮下、肌内注射，5～10mg/1kg 体重，一日 2～3 次，连用 2～3 日 |
| 抗微生物 | 盐酸大观霉素 | 21 | 内服，仔猪 10mg/1kg 体重，一日 2 次，连用 3～5 日 |
| 抗微生物 | 硫酸安普霉素 | 21 | 混饲，80～100g/1 000kg 饲料，连用 7 日 |
| 抗微生物 | 土霉素 | 20 | 静脉注射，5～10mg/1kg 体重，一日 2 次，连用 2～3 日 |
| 抗微生物 | 盐酸四环素 | 5 | 内服，10～25mg/1kg 体重，一日 2～3 次，连用 3～5 日。静脉注射，5～10mg/1kg 体重，一日 2 次，连用 2～3 日 |
| 抗微生物 | 盐酸多西环素 | 5 | 内服，3～5mg/1kg 体重，一日 1 次，连用 3～5 日 |
| 抗微生物 | 乳糖酸红霉素 | 0 | 静脉注射，3～5mg/1kg 体重，一日 2 次，连用 2～3 日 |
| 抗微生物 | 吉他霉素 | 3 | 内服，20～30mg/1kg 体重，一日 2 次，连用 3～5 日 |

（续）

| 药物类别 | 药物名称 | 休药期（d） | 使用指南 |
|---|---|---|---|
| 抗微生物 | 泰乐菌素 | 14 | 肌内注射，9mg/1kg 体重，一日 2 次，连用 5 日 |
| 抗微生物 | 酒石酸泰乐菌素 | 0 | 皮下、肌内注射，5～13mg/1kg 体重，一日 2 次，连用 5 日 |
| 抗微生物 | 磷酸泰乐菌素 | 0 | 混饲，400～800g/1 000kg 饲料 |
| 抗微生物 | 磷酸替米考星 | 14 | 混饲，200～400g/1 000kg 饲料 |
| 抗微生物 | 杆菌泰锌 | 0 | 混饲，4 月龄以下 4～40g/1 000kg 饲料 |
| 抗微生物 | 硫酸黏菌素 | 7 | 内服，仔猪 1.5～5mg/1g 体重。混饲，仔猪 2～20g/1 000kg 饲料。混饮，40～100g/1L 水 |
| 抗微生物 | 硫酸多黏菌素 B | 7 | 肌内注射，1mg/1kg 体重 |
| 抗微生物 | 恩拉霉素 | 7 | 混饲，猪饲料中添加量为 2.5～20mg/kg |
| 抗微生物 | 盐酸林可霉素 | 5 | 内服，10～15mg/1kg 体重，一日 1～2 次，连用 3～5 日。混饮，40～70mg/1L 水。混饲，44～77g/1 000kg 饲料。肌内注射，10mg/1kg 体重 |
| 抗微生物 | 延胡素酸泰妙菌素 | 5 | 混饮，45～60mg/1L 水，连用 3 日。混饲，40～100g/1 000kg 饲料 |
| 抗微生物 | 黄霉素 | 0 | 混饲，育肥猪饲料中添加量为 5mg/kg，仔猪为 20～25mg/kg |
| 抗微生物 | 弗吉尼亚霉素 | 1 | NULL |
| 抗微生物 | 赛地卡霉素 | 1 | 混饲，75g/1 000kg 饲料，连用 15 日 |
| 抗微生物 | 磺胺二甲嘧啶 | 0 | 内服，首次 0.14～0.2g/1kg 体重，维持量 0.07～0.1g/1kg 体重，一日 1～2 次，连用 3～5 日。静脉、肌内注射，50～100mg/1kg 体重，一日 1～2 次，连用 2～3 日 |

（续）

| 药物类别 | 药物名称 | 休药期（d） | 使用指南 |
|---|---|---|---|
| 抗微生物 | 磺胺噻唑 | 0 | 内服，首次 0.14～0.2g/1kg 体重，维持量 0.07～0.1g/1kg 体重，一日 2～3 次，连用 3～5 日。静脉、肌内注射，50～100mg/1kg 体重，一日 2 次，连用 2～3 日 |
| 抗微生物 | 磺胺对甲氧嘧啶 | 0 | 内服，首次量 50～100mg/1kg 体重，维持量 25～50mg/1kg 体重，一日 1～2 次，连用 3～5 日 |
| 抗微生物 | 磺胺间甲氧嘧啶 | 0 | 内服，首次量 50～100mg/1kg 体重，维持量 25～50mg/1kg 体重，连用 3～5 日。静脉注射，50mg/1kg 体重，一日 1～2 次，连用 2～3 日 |
| 抗微生物 | 磺胺氯哒嗪钠 | 3 | 内服，首次量 50～100mg/1kg 体重，维持量 25～50mg/1kg 体重，一日 1～2 次，连用 3～5 日 |
| 抗微生物 | 磺胺多辛 | 0 | 内服，首次量 50～100mg/1kg 体重，维持量 25～50mg/1kg 体重，一日 1 次 |
| 抗微生物 | 磺胺脒 | 0 | 内服，0.1～0.2g/1kg 体重，一日 2 次，连用 3～5 日 |
| 抗微生物 | 琥磺噻唑 | 0 | 内服，0.1～0.2g/1kg 体重，一日 2 次，连用 3～5 日 |
| 抗微生物 | 酞磺噻唑 | 0 | 内服，0.1～0.2g/1kg 体重，一日 2 次，连用 3～5 日 |
| 抗微生物 | 酞磺醋酰 | 0 | 内服，0.1～0.2g/1kg 体重，一日 2 次，连用 3～5 日 |
| 抗微生物 | 吡哌酸 | 0 | 内服，40mg/1kg 体重，连用 5～7 日 |
| 抗微生物 | 恩诺沙星 | 10 | 内服，仔猪 2.5～5mg/1kg 体重，一日 2 次，连用 3～5 日。肌内注射，2.5mg/1kg 体重，一日 1～2 次，连用 2～3 日 |

（续）

| 药物类别 | 药物名称 | 休药期（d） | 使用指南 |
|---|---|---|---|
| 抗微生物 | 盐酸二氟沙星 | 0 | 内服，5mg/1kg 体重，一日 1 次，连用 3～5 日 |
| 抗微生物 | 诺氟沙星 | 0 | 内服，10mg/1kg 体重，一日 1～2 次 |
| 抗微生物 | 盐酸环丙沙星 | 0 | 静脉、肌内注射，2.5mg/1kg 体重，一日 2 次，连用 3 日 |
| 抗微生物 | 乳酸环丙沙星 | 0 | 肌内注射，2.5mg/1kg 体重，一日 2 次。静脉注射，2mg/1kg 体重，一日 2 次 |
| 抗微生物 | 甲磺酸达诺沙星 | 5 | 肌内注射，1.25～2.5mg/1kg 体重，一日 1 次 |
| 抗微生物 | 马波沙星 | 2 | 肌内注射，2mg/1kg 体重，一日 1 次。内服，2mg/1kg 体重，一日 1 次 |
| 抗微生物 | 乙酰甲喹 | 0 | 内服，5～10mg/1kg 体重，一日 2 次，连用 3 日。肌内注射，2～5mg/1kg 体重 |
| 抗微生物 | 卡巴氧 | 0 | 混饲，促生长 10～25g/1 000kg 饲料，预防疾病 50g/1 000kg 饲料 |
| 抗微生物 | 喹乙醇 | 35 | 混饲，1 000～2 000g/1 000kg 饲料 |
| 抗微生物 | 呋喃妥因 | 0 | 内服，6～7.5mg/1kg 体重，一日 2～3 次 |
| 抗微生物 | 呋喃唑酮 | 7 | 内服，10～12mg/1kg 体重，一日 2 次，连用 5～7 日。混饲，2 000～3 000g/1 000kg 饲料 |
| 抗微生物 | 盐酸小檗碱 | 0 | 内服，0.5～1g/1kg 体重 |
| 抗微生物 | 乌洛托品 | 0 | 内服，5～10g/1kg 体重。静脉注射，5～10g/1kg 体重 |
| 抗微生物 | 灰黄霉素 | 0 | 内服，20mg/1kg 体重，一日 1 次，连用 4～8 周 |
| 抗微生物 | 制霉菌素 | 0 | 内服，50 万～100 万单位，一日 2 次 |
| 抗微生物 | 克霉唑 | 0 | 内服，0.75～1.5g/1kg 体重，一日 2 次 |

（续）

| 药物类别 | 药物名称 | 休药期<br>(d) | 使用指南 |
|---|---|---|---|
| 抗寄生虫 | 噻本达唑 | 30 | 内服，50～100mg/1kg 体重 |
| 抗寄生虫 | 阿苯达唑 | 10 | 内服，5～10mg/1kg 体重 |
| 抗寄生虫 | 芬苯达唑 | 5 | 内服，5～7.5mg/1kg 体重 |
| 抗寄生虫 | 奥芬达唑 | 21 | 内服，4mg/1kg 体重 |
| 抗寄生虫 | 氧苯达唑 | 14 | 内服，10mg/1kg 体重 |
| 抗寄生虫 | 氟苯达唑 | 14 | 内服，5mg/1kg 体重。混饲，<br>30g/1 000kg 饲料，连用5～10 日 |
| 抗寄生虫 | 非班太尔 | 10 | 内服，20mg/1kg 体重 |
| 抗寄生虫 | 硫苯尿酯 | 7 | 内服，50～100mg/1kg 体重 |
| 抗寄生虫 | 左旋咪唑 | 28 | 皮下、肌内注射，7.5mg/1kg 体重 |
| 抗寄生虫 | 噻嘧啶 | 1 | 内服，22mg/1kg 体重 |
| 抗寄生虫 | 精致敌百虫 | 7 | 内服，80～100mg/1kg 体重 |
| 抗寄生虫 | 哈乐松 | 7 | 内服，50mg/1kg 体重 |
| 抗寄生虫 | 伊维菌素 | 18 | 皮下注射，0.3mg/1kg 体重 |
| 抗寄生虫 | 阿维菌素 | 18 | 内服，0.3mg/1kg 体重 |
| 抗寄生虫 | 多拉菌素 | 24 | 皮下、肌内注射，0.3mg/1kg 体重 |
| 抗寄生虫 | 越霉素 A | 15 | 混饲，5～10g/1 000kg 饲料 |
| 抗寄生虫 | 越霉素 B | 15 | 混饲，10～13g/1 000kg 饲料 |
| 抗寄生虫 | 哌嗪 | 0 | 内服，0.25～0.3g/1kg 体重 |
| 抗寄生虫 | 枸橼酸乙胺嗪 | 0 | 内服，20mg/1kg 体重 |
| 抗寄生虫 | 硫双二氯酚 | 0 | 内服，75～100mg/1kg 体重 |
| 抗寄生虫 | 吡喹酮 | 0 | 内服，10～35mg/1kg 体重 |
| 抗寄生虫 | 硝碘酚腈 | 60 | 皮下注射，10mg/1kg 体重 |
| 抗寄生虫 | 硝硫氰酯 | 0 | 内服，15～20mg/1kg 体重 |
| 抗寄生虫 | 盐霉素钠 | 0 | 混饲，25～75g/1 000kg 饲料 |
| 抗寄生虫 | 地美硝唑 | 3 | 混饲，200g/1 000kg 饲料 |
| 抗寄生虫 | 二嗪农 | 14 | 喷淋，250mg/1 000mL 水 |

（续）

| 药物类别 | 药物名称 | 休药期<br>(d) | 使用指南 |
|---|---|---|---|
| 抗寄生虫 | 溴氰菊酯 | 21 | 药浴、喷淋，30～50g/1 000L 水 |
| 抗寄生虫 | 氰戊菊酯 | 0 | 药浴、喷淋，80～200mg/1L 水 |
| 抗寄生虫 | 双甲脒 | 7 | 药浴、喷洒，0.025%～0.05%溶液 |

注：表中 mg=毫克，kg=千克，g=克，mL=毫升，L=升。

## 四、处方兽药、非处方兽药

兽药分为处方兽药和非处方兽药。非处方兽药就是不用凭借兽医开具的处方即可直接购买使用的兽药。在国外，又将非处方兽药称为"可在柜台上买到的药物（over the counter，OTC）"。而处方兽药则必须凭借兽医开具的处方才可以购买，并且需要按照处方的要求来使用。

在《兽药管理条例》中规定，兽药经营企业销售兽用处方药的，应当遵守兽用处方管理规定。处方（Prescription），是指兽医医疗和兽药生产企业用于药剂配制的一种重要书面文件，按其性质、用途主要分为法定处方（又称制剂处方）和兽医师处方两类。

（1）法定处方，是指兽药典、兽药标准收载的处方，具有法律约束力，兽药厂在制造法定制剂和药品时，须按照法定处方所规定的一切项目进行配制、生产和检验。

（2）兽医师处方，是指兽医师为预防和治疗动物疾病，针对就诊动物开写的药名、用量、配法及用法等的用药书面文件，是检定药效和毒性的依据，一般应保存一定时间以备查考。

（3）兽用处方药（veterinary prescription drugs），是指凭执业兽医处方才能购买和使用的兽药。

（4）兽用非处方药（veterinary non-prescription drugs），是指由农业部公布的，不需要凭执业兽医处方就可以购买和使用的兽药。

## 五、禁用与限用药物

### （一）禁止在畜禽养殖中使用的药物，在动物性食品中不得检出

表 5-3　禁止在畜禽养殖中使用的药物，在动物性食品中不得检出

| 药 物 名 称 | 禁用动物种类 | 靶组织 |
| --- | --- | --- |
| 氯霉素 Chloramphenicol 及其盐、酯（包括：琥珀氯霉素 Chloramphenico Succinate） | 所有食品动物 | 所有可食组织 |
| 克伦特罗 Clenbuterol 及其盐、酯 | 所有食品动物 | 所有可食组织 |
| 沙丁胺醇 Salbutamol 及其盐、酯 | 所有食品动物 | 所有可食组织 |
| 西马特罗 Cimaterol 及其盐、酯 | 所有食品动物 | 所有可食组织 |
| 氨苯砜 Dapsone | 所有食品动物 | 所有可食组织 |
| 己烯雌酚 Diethylstilbestrol 及其盐、酯 | 所有食品动物 | 所有可食组织 |
| 呋喃它酮 Furaltadone | 所有食品动物 | 所有可食组织 |
| 呋喃唑酮 Furazolidone | 所有食品动物 | 所有可食组织 |
| 林丹 Lindane | 所有食品动物 | 所有可食组织 |
| 呋喃苯烯酸钠 Nifurstyrenate sodium | 所有食品动物 | 所有可食组织 |
| 安眠酮 Methaqualone | 所有食品动物 | 所有可食组织 |
| 洛硝达唑 Ronidazole | 所有食品动物 | 所有可食组织 |
| 玉米赤霉醇 Zeranol | 所有食品动物 | 所有可食组织 |
| 去甲雄三烯醇酮 Trenbolone | 所有食品动物 | 所有可食组织 |
| 醋酸甲孕酮 Mengestrol Acetate | 所有食品动物 | 所有可食组织 |
| 硝基酚钠 Sodium nitrophenolate | 所有食品动物 | 所有可食组织 |
| 硝呋烯腙 Nitrovin | 所有食品动物 | 所有可食组织 |
| 毒杀芬（氯化烯）Camahechlor | 所有食品动物 | 所有可食组织 |
| 呋喃丹（克百威）Carbofuran | 所有食品动物 | 所有可食组织 |
| 杀虫脒（克死螨）Chlordimeform | 所有食品动物 | 所有可食组织 |
| 双甲脒 Amitraz | 水生食品动物 | 所有可食组织 |
| 酒石酸锑钾 Antimony potassium tartrate | 所有食品动物 | 所有可食组织 |

（续）

| 药 物 名 称 | 禁用动物种类 | 靶组织 |
|---|---|---|
| 锥虫砷胺 Tryparsamile | 所有食品动物 | 所有可食组织 |
| 孔雀石绿 Malachite green | 所有食品动物 | 所有可食组织 |
| 五氯酚酸钠 Pentachlorophenol sodium | 所有食品动物 | 所有可食组织 |
| 氯化亚汞（甘汞）Calomel | 所有食品动物 | 所有可食组织 |
| 硝酸亚汞 Mercurous nitrate | 所有食品动物 | 所有可食组织 |
| 醋酸汞 Mercurous acetate | 所有食品动物 | 所有可食组织 |
| 吡啶基醋酸汞 Pyridyl mercurous acetate | 所有食品动物 | 所有可食组织 |
| 甲基睾丸酮 Methyltestosterone | 所有食品动物 | 所有可食组织 |
| 群勃龙 Trenbolone | 所有食品动物 | 所有可食组织 |

# （二）允许用作畜禽治疗使用，但不得在动物性食品中检出的药物

表 5-4　允许用作畜禽治疗使用，但不得在动物性食品中检出的药物

| 药 物 名 称 | 禁用动物种类 | 靶组织 |
|---|---|---|
| 氯丙嗪 Chlorpromazine | 所有食品动物 | 所有可食组织 |
| 地西泮（安定）Diazepam | 所有食品动物 | 所有可食组织 |
| 地美硝唑 Dimetridazole | 所有食品动物 | 所有可食组织 |
| 苯甲酸雌二醇 Estradiol Benzoate | 所有食品动物 | 所有可食组织 |
| 潮霉素 B Hygromycin B | 猪/鸡<br>鸡 | 可食组织<br>蛋 |
| 甲硝唑 Metronidazole | 所有食品动物 | 所有可食组织 |
| 苯丙酸诺龙 Nadrolone Phenylpropionate | 所有食品动物 | 所有可食组织 |
| 丙酸睾酮 Testosterone propinate | 所有食品动物 | 所有可食组织 |
| 塞拉嗪 Xylzaine | 产奶动物 | 奶 |
| 甲苯咪唑 Mebendazole ADI：0-12.5 | 羊/马（产奶期禁用） | |
| 氟氯苯氰菊酯 Flumethrin ADI：0-1.8 | 羊（产奶期禁用） | |
| 氟苯尼考 Florfenicol ADI：0-3 | 牛/羊（泌乳期禁用）<br>家禽（产蛋禁用） | |

（续）

| 药物名称 | 禁用动物种类 | 靶组织 |
|---|---|---|
| 恩诺沙星 Enrofloxacin ADI：0-2 | 禽（产蛋鸡禁用） | |
| 多西环素 | 牛（泌乳牛禁用）<br>禽（产蛋鸡禁用） | |
| 多拉菌素 | 牛（泌乳牛禁用） | |
| 阿灭丁（阿维菌素）Abamectin ADI：0-2 | 牛（泌乳期禁用）<br>羊（泌乳期禁用） | |

## （三）食用动物禁用的兽药及其他化合物

表 5-5　食用动物禁用的兽药及其他化合物清单

| 序号 | 兽药及其他化合物名称 | 禁止用途 | 禁用动物 |
|---|---|---|---|
| 1 | β-兴奋剂类：克仑特罗 Clenbuterol、沙丁胺醇 Salbutamol、西马特罗 Cimaterol 及其盐、酯及制剂 | 所有用途 | 所有食品动物 |
| 2 | 性激素类：己烯雌酚 Diethylstilbestrol 及其盐、酯及制剂 | 所有用途 | 所有食品动物 |
| 3 | 具有雌激素样作用的物质：玉米赤霉醇 Zeranol、去甲雄三烯醇酮 Trenbolone、醋酸甲孕酮 Mengestrol，Acetate 及制剂 | 所有用途 | 所有食品动物 |
| 4 | 氯霉素 Chloramphenicol，及其盐、酯（包括：琥珀氯霉素 Chloramphenicol Succinate）及制剂 | 所有用途 | 所有食品动物 |
| 5 | 氨苯砜 Dapsone 及制剂 | 所有用途 | 所有食品动物 |
| 6 | 硝基呋喃类：呋喃唑酮 Furazolidone、呋喃它酮 Furaltadone、呋喃苯烯酸钠 Nifurstyrenate sodium 及制剂 | 所有用途 | 所有食品动物 |

（续）

| 序号 | 兽药及其他化合物名称 | 禁止用途 | 禁用动物 |
|---|---|---|---|
| 7 | 硝基化合物：硝基酚钠 Sodium nitrophenolate、硝呋烯腙 Nitrovin 及制剂 | 所有用途 | 所有食品动物 |
| 8 | 催眠、镇静类：安眠酮 Methaqualone 及制剂 | 所有用途 | 所有食品动物 |
| 9 | 林丹（丙体六六六）Lindane | 杀虫剂 | 所有食品动物 |
| 10 | 毒杀芬（氯化烯）Camahechlor | 杀虫剂、清塘剂 | 所有食品动物 |
| 11 | 呋喃丹（克百威）Carbofuran | 杀虫剂 | 所有食品动物 |
| 12 | 杀虫脒（克死螨）Chlordimeform | 杀虫剂 | 所有食品动物 |
| 13 | 双甲脒 Amitraz | 杀虫剂 | 水生食品动物 |
| 14 | 酒石酸锑钾 Antimonypotassiumtartrate | 杀虫剂 | 所有食品动物 |
| 15 | 锥虫胂胺 Tryparsamide | 杀虫剂 | 所有食品动物 |
| 16 | 孔雀石绿 Malachitegreen | 抗菌、杀虫剂 | 所有食品动物 |
| 17 | 五氯酚酸钠 Pentachlorophenolsodium | 杀螺剂 | 所有食品动物 |
| 18 | 各种汞制剂包括：氯化亚汞（甘汞）Calomel，硝酸亚汞 Mercurous nitrate、醋酸汞 Mercurous acetate、吡啶基醋酸汞 Pyridyl mercurous acetate | 杀虫剂 | 所有食品动物 |
| 19 | 性激素类：甲基睾丸酮 Methyltestosterone、丙酸睾酮 Testosterone Propionate、苯丙酸诺龙 Nandrolone Phenylpropionate、苯甲酸雌二醇 Estradiol Benzoate 及其盐、酯及制剂 | 促生长 | 所有食品动物 |
| 20 | 催眠、镇静类：氯丙嗪 Chlorpromazine、地西泮（安定）Diazepam 及其盐、酯及制剂 | 促生长 | 所有食品动物 |
| 21 | 硝基咪唑类：甲硝唑 Metronidazole、地美硝唑 Dimetronidazole 及其盐、酯及制剂 | 促生长 | 所有食品动物 |

## （四）禁止在饲料和动物饮用水中使用的药物品种

### 1. 肾上腺素受体激动剂

（1）盐酸克仑特罗（Clenbuterol Hydrochloride）：中华人民共和国药典（以下简称药典）2000 年版二部第 605 页。β2 肾上腺素受体激动药。

（2）沙丁胺醇（Salbutamol）：药典 2000 年版二部第 316 页。β2 肾上腺素受体激动药。

（3）硫酸沙丁胺醇（SalbutamolSulfate）：药典 2000 年版二部第 870 页。β2 肾上腺素受体激动药。

（4）莱克多巴胺（Ractopamine）：是一种 β 兴奋剂，美国食品和药物管理局（FDA）已批准使用，中国未批准使用。

（5）盐酸多巴胺（Dopamine Hydrochloride）：药典 2000 年版二部第 591 页。多巴胺受体激动药。

（6）西马特罗（Cimaterol）：美国氰胺公司开发的产品，为一种 β 兴奋剂，美国食品和药物管理局（FDA）未批准使用。

（7）硫酸特布他林（Terbutaline Sulfate）：药典 2000 年版二部第 890 页。β2 肾上腺受体激动药。

### 2. 性激素

（1）己烯雌酚（Diethylstibestrol）：药典 2000 年版二部第 42 页。雌激素类药。

（2）雌二醇（Estradiol）：药典 2000 年版二部第 1005 页。雌激素类药。

（3）戊酸雌二醇（EstradiolValerate）：药典 2000 年版二部第 124 页。雌激素类药。

（4）苯甲酸雌二醇（EstradiolBenzoate）：药典 2000 年版二部第 369 页。雌激素类药。药典 2000 年版一部第 109 页。雌激素类药。用于发情不明显动物的催情及胎衣滞留、死胎的排除。

（5）氯烯雌醚（Chlorotrianisene）：药典 2000 年版二部第 919 页。

（6）炔诺醇（Ethinylestradiol）：药典 2000 年版二部第 422 页。

（7）炔诺醚（Quinestrol）：药典 2000 年版二部第 424 页。

（8）醋酸氯地孕酮（Chlormadinone acetate）：药典 2000 年版二部第 1037 页。

（9）左炔诺孕酮（Levonorgestrel）：药典 2000 年版二部第 107 页。

（10）炔诺酮（Norethisterone）：药典 2000 年版二部第 420 页。

（11）绒毛膜促性腺激素（绒促性素）（Chorionic Gonadotrophin）：药典 2000 年版二部第 534 页。促性腺激素药。药典 2000 年版一部第 146 页。激素类药。用于性功能障碍、习惯性流产及卵巢囊肿等。

（12）促卵泡生长激素（尿促性素主要含卵泡刺激 FSHT 和黄体生成素 LH）（Menotropins）：药典 2000 年版二部第 321 页。促性腺激素类药。

**3. 蛋白同化激素**

（1）碘化酪蛋白（Iodinated Casein）：蛋白同化激素类，为甲状腺素的前驱物质，具有类似甲状腺素的生理作用。

（2）苯丙酸诺龙及苯丙酸诺龙注射液（Nandrolone phenylpropionate）：药典 2000 年版二部第 365 页。

**4. 精神药品**

（1）（盐酸）氯丙嗪（Chlorpromazine Hydrochloride）：药典 2000 年版二部第 676 页。抗精神病药。兽药典 2000 年版一部第 177 页。镇静药。用于强化麻醉以及使动物安静等。

（2）盐酸异丙嗪（Promethazine Hydrochloride）：药典 2000 年版二部第 602 页。抗组胺药。兽药典 2000 年版一部第 164 页。抗组胺药。用于变态反应性疾病，如荨麻疹、血清病等。

（3）安定（地西泮）（Diazepam）：药典 2000 年版二部第 214 页。抗焦虑药、抗惊厥药。兽药典 2000 年版一部第 61 页。镇静药、抗惊厥药。

（4）苯巴比妥（Phenobarbital）：药典 2000 年版二部第 362 页。镇静催眠药、抗惊厥药。兽药典 2000 年版一部第 103 页。巴比妥类药。缓解脑炎、破伤风、士的宁中毒所致的惊厥。

（5）苯巴比妥钠（Phenobarbital Sodium）：药典 2000 年版一部第 105 页。巴比妥类药。缓解脑炎、破伤风、士的宁中毒所致的惊厥。

（6）巴比妥（Barbital）：兽药典 2000 年版一部第 27 页。中枢抑制和增强解热镇痛。

（7）异戊巴比妥（Amobarbital）：药典 2000 年二部第 252 页。催眠药、抗惊厥药。

（8）异戊巴比妥钠（Amobarbital Sodium）：兽药典 2000 年版一部第 82 页。巴比妥类药。用于小动物的镇静、抗惊厥和麻醉。

（9）利血平（Reserpine）：药典 2000 年版二部第 304 页。抗高血压药。

（10）艾司唑仑（Estazolam）。

（11）甲丙氨脂（Meprobamate）。

（12）咪达唑仑（Midazolam）。

（13）硝西泮（Nitrazepam）。

（14）奥沙西泮（Oxazepam）。

（15）匹莫林（Pemoline）。

（16）三唑仑（Triazolam）。

（17）唑吡旦（Zolpidem）。

（18）其他国家管制的精神药品。

## 5. 各种抗生素滤渣

该类物质是抗生素类产品生产过程中产生的工业"三废"，因含有微量抗生素成分，在饲料和饲养过程中使用后会对动物有一定的促生长作用。但对养殖业的危害很大，一是容易引起耐药性；二是由于未做安全性试验，存在各种安全隐患，因而禁止在饲料和动物饮用水中使用。

## 六、合理保存兽药

用户在履行合法手续后购进合格兽药，还应注意根据各种兽药的特性进行合理的保管，否则药品会因保管不当而失效，从而在使用时达不到预期的效果。

畜禽使用兽药保管的方法有：密封保存、避光保存、低温保存等。

（1）密封保存。凡易吸潮发霉变质的药品，比如原料药、片剂、粉剂等，都应密封保存。胶塞铝盖包装的粉针剂，应注意防潮，贮存干燥处，且不得倒置。

（2）避光保存。凡见光可发生化学变化生成有色物质、出现变色物质，因而导致药效降低或毒性增加的药品，比如维生素，就必须盛装在棕色瓶等避光的容器内，实行避光保存。

（3）低温保存。受热易分解失效的原料药，比如，抗生素及受热易挥发的药品，如酒精，则应存放于低温阴凉处。特别要强调的是，用于免疫预防的疫苗，在运输过程中应按要求采用冷链运输，在保存中应按相应疫苗保存的要求进行冷藏或冷冻。

另外，还要注意药品的保质期，必须防止兽药过期失效。药品一般都会规定有效使用期限，凡超过有效期的药品则不应使用。在经营实践中，应建立药品过期的预警管理制度，凡是即将要失效或过期的药品，必须在同类药品中优先使用，以保障药物能在其有效期内发挥作用。但是，一旦药物超过其有效期，就绝不能再继续使用。

# 第六章

## 饲养环节畜产品食用安全保障对策

## 第一节　饲养环节影响畜产品食用安全的因素

饲养环节是畜产品生产中投入品管理的重要环节，影响其安全状况主要因素包括饲养环境因素、种畜禽质量因素、饲料质量因素和兽药质量因素等。

### 一、畜禽饲养环境因素

养殖环境好坏是能否生产出质量安全的食用畜产品的先决条件。养殖环境的大气质量情况、土壤和水质情况等，如果达不到畜禽养殖环境标准，饲养动物就会处在被污染的环境之中，它们的健康就容易受到影响，机体免疫力就会降低，生理机能就会变弱，被疾病感染概率就会提高。为了防治畜禽疫病，养殖者又会大量使用兽药，结果就会增加食用畜禽产品中的药物残留量，最终影响到食用畜产品的质量安全。

随着我国畜牧业结构的调整，畜禽养殖方式发生了很大的转变，畜牧业产业化也在不断推进。我国畜牧业历经几十年的快速发展，已经成为许多地方乡村经济的支柱产业。由于畜牧业自身产业链较长，涉及的相关产业较多，食用畜产品又是保障国家食品安全的重要产品，所以畜牧业已经成为我国国民经济的重要组成部分，而且随着我国人民收入水平的提高和饮食结构的变化，畜牧业在我国国民经济中的地位将会越来越重要。

　　然而，事物都是一分为二的，我国畜牧业的快速发展在带动国民经济发展的同时，也带来了环境污染的问题。在畜牧业比较发达的中东部地区，由于养殖场的养殖规模不断扩大，同一地域的养殖场分布密度也越来越大，因而产生了养殖自身环境越来越差、对于畜禽健康越来越不利的情况，同时，养殖场的粪污、废水等废弃物对于其周边的环境污染问题也日趋严重。因此，近年来畜牧养殖环境的保护问题也成为我国整个生态环境保护的重要组成部分，国务院也出台了规模畜禽养殖场污染排放管理条例。但是，从近年来的实际情况来看，我国畜牧业养殖环境依然堪忧。

　　目前，在我国广大的乡村地区，仍然普遍存在千家万户的小规模分散饲养，这种状况在今后相当长的一段时间内依然无法得到改变。农户散养畜禽，选址不够科学，大多都是在农舍的房前屋后，人畜混居、畜禽混养现象十分普遍。另外，畜禽饲舍建筑简易，饲养管理设施不配套，农户重产出轻投入，没有废弃物无害化处理设施，畜禽粪污处理不及时、养殖环境卫生不达标，病死动物无害化处理也不到位，交叉污染严重，这又增加了食用畜产品的不安全风险。乡村房前屋后的简易畜舍，建筑不规范、设施很简陋，很难给畜禽营造一个舒适的生存环境。这类畜舍往往是夏天散热难、冬天保温难，尤其是在冬季，保温与通风的矛盾不能很好的解决，再加上养殖密度大，就使得畜舍内的环境异常恶劣。

　　落后的设施条件和传统的养殖方式，根本谈不上动物福利的保障。在这样的环境条件下，饲养的畜禽基本上都处于亚健康状态，极易引发畜禽疫病。生病就要用药，用药不规范又会引起药残超标，结果就是增加了食用畜产品的质量安全风险。另外，大多数养殖户对于畜禽养殖造成环境污染的严重性认识不够，他们往往缺乏环境保护意识，认为畜禽养殖所造成的环境污染危害不是很大，可以自然地被乡村环境所净化。因此，养殖户并不关心畜禽养殖业对于环境污染的治理问题，而这又恰恰容易造成食用畜产品的质量安全隐患。

## 二、种畜禽质量因素

种畜禽质量安全状况是食用畜产品质量安全的基础保障。当前，我国各地积极引进国外畜禽良种，并保护和开发国内良种，通过多年加强培育、加快扩繁、推进改良，全国种畜禽场和种公牛站、种公羊站、种公猪站累计已达 18 000 多个。但是，如此多的种畜禽机构数量过于庞大、分布面过广，在保障种畜禽质量安全方面依然是压力越来越大。首先，由于国际上饲养动物疫情复杂、国内检测手段相对落后和国内相关法规标准不够完善，一些畜禽良种引入检疫不严格，使外来动物传染病、寄生虫病病原传入风险不断增大；其次是种畜禽场站在引进、饲养过程中不注重防疫安全，管理混乱，造成种畜禽品质下降、代次混乱、良种不良；第三是部分种畜禽场站乱繁滥销、以次充好，违法进行广告宣传，有些还无证经营，结果就使非法销售假冒伪劣种畜禽的事件时有发生，这严重影响了我国畜牧业的健康发展。

例如，仔猪品种的好坏是影响育肥猪健康和猪肉产品质量安全的根本性因素。仔猪对猪肉质量的影响主要是通过品种的遗传潜能、抗病能力、耐粗饲性能等方面的差异来表现的。不同品种的仔猪，生物学特性存在着较大的差异，同时对于所需的饲料、兽药等投入品方面也存在着差异。我国的仔猪市场尚不够健全完善，良种场因具有专业化的仔猪繁育系统，在地区内享有声誉的良种场繁育基地承担专业的仔猪品种培育、种猪繁育等工作，目前仔猪的供应也主要由良种场承担。但是在市场交易环节，购买者不能便利的确知仔猪提供主体的资质，对于仔猪供应商提供的仔猪品种、质量等情况也不能明确地掌握，因而存在着很大的不确定因素。特别是乡村散养户的仔猪购入，多是在农村本地进行，往往表现为同村的养殖户或是近邻的养殖户之间的买卖关系，而且散养农户的仔猪购入具有很多非正规化市场交易的特征，这种特征就加大了识别仔猪的品种、遗传性能、是否带有疫病等信息的难度。我国乡村供应散户养殖的仔猪目前经营行为并不规范，这一分散而庞大的仔猪市场亟待整肃。

## 三、饲料安全因素

饲料安全是保障动物性食品安全的前提。科学实验表明：在品种、防疫、饲料和饲养管理等诸因素中，饲料对动物性食品安全的影响为最大，其影响比重达 40% 以上。我国政府对饲料质量安全十分重视，特别是近几年来，农业部为加强饲料产品质量安全监督管理，以保障我国动物食品的质量安全，农业部每年都组织国家饲料质量监测机构和省市饲料质量监测机构对全国的饲料进行质量安全监测。自"十五"计划以来，全国配合饲料质量合格率一直保持在 95% 左右（国家饲料质量监督检验中心，2010）。据农业部监测，2013 年全国饲料质量安全状况继续保持稳定向好的趋势，饲料质量卫生指标合格率达到 95.5%，饲料中禁用物质检出率为 0，饲料添加剂合格率为 99.2%。

从总体上来看，我国的饲料生产是安全的，绝大多数企业能遵守国家和各级政府机构颁布的相关法律和法规。但从目前实际经营情况来看，这一问题并没有从根本上得到解决，饲料产品在生产、流通和使用环节上仍然存在着严重的安全隐患，仍有个别企业滥用饲料添加剂。随着我国养殖业由传统的养殖模式向现代化养殖模式转变，养殖业对饲料产品的需求不断增加，而且目前大、中型养殖企业全部依靠工业饲料产品进行养殖经营。在我国饲料工业快速发展的同时，饲料产品的质量安全问题也逐渐暴露出来。特别是近几年来，由于饲料产品质量所引发的恶性事件在全国各地时有发生，这对于消费者利益和人民身体健康造成了严重的危害。比如，2015年农业部饲料检测表明，饲料质量安全的主要问题集中在铜、锌含量的超标上、粗蛋白含量的不足上。

以猪饲料中铜含量超标为例，经营者往往是为了达到猪的更快生长速度和更佳的外观效果上，因而不少企业在饲料配方中使用高铜含量饲料配方，有的铜含量甚至超过 250mg/kg，这极易引起饲料中毒事件的发生。我国近年来在北京、广东、浙江等地相继发生了饲料中毒事件，这大多都与某些元素的过量使用有关。此外，由于铜、锌、砷制剂和抗生素的违规使用所造成的畜产品不安全事件，近年来亦有报道。据统计，自 1998 年以来，我国相继发生了十几起瘦肉精中毒事件，中毒人数多达 1 431 人，死亡人数 1 人。这些事件都真实地反映出我国饲料质量安全的现状和问题。

## 四、兽药安全因素

兽药残留标准是使用畜产品质量的安全阀。2009 年《食品安全法》颁布之前，我国农兽药残留标准存在标准数量少、标准制定滞后、技术水平较低等问题。在《食品安全法》颁布之后，我国加快了农兽药残留国家标准体系建设的步伐。通过近年来的不断努力，我国已制定了覆盖所有重要农产品的农药和兽药参考标准体系，为确保我国农产品的质量安全提供了基本保障。

2014 年，农业部与国家卫生与计划生育委员会联合发布了食品安全国家标准《食品中农药最大残留限量（GB2763-2014）》，规定了 387 种农药在 284 种（类）食品中的 3 650 项限量指标。我国目前已对 135 种兽药做出了禁限使用规定，其中有兽药残留限量规定的兽药为 94 种，涉及限量值 1 548 个，允许使用但不得检出的兽药 9 种，禁止使用的兽药 32 种；建立了兽药残留检测方法标准519 项。农业部《关于发布 2015 年第二期兽药质量监督抽检情况的通报》表明，2015 年第一季度共完成监督抽检 2 734 批，合格2 619批，兽药抽检合格率为 95.8%。从抽检环节来看，兽药生产环节合格率为 98.8%，经营环节合格率为 95.2%，使用环节合格率为 94.8%，这说明兽药从出厂到流通再到使用各环节的合格率呈现逐步下降的趋势。从产品类别来看，化药类产品合格率为96.8%，抗生素类产品合格率为 96.3%，中药类产品合格率为

92.8%，这说明化学类兽药合格率最高，抗生素类兽药合格率次之，中药类兽药合格率偏低。

兽药行业经过多年来的发展已经取得了令人瞩目的成就，但是也还存在一定的问题。首先，是在兽药管理方面的问题，即兽药行政管理体系和监督执法体系还不够健全。兽药 GSP 认证企业经营不规范问题仍然比较突出，尤其是乡镇兽药经营企业，多数缺乏兽药质量甄别知识，再加之进货渠道比较复杂，就使兽药质量无法保证。另外，我国兽药市场也缺少有效监管，一些兽药市场已经成为制售假劣兽药的窝点，无序竞争导致守法的兽药经营企业在经营上步履艰难。其次是在兽药生产方面，兽药产业结构不尽合理，兽药企业数量多、规模小，经营规模和管理水平也都参差不齐，从业人员专业素质更是千差万别。

其次，是我国兽药行业产能过剩。据统计，截至 2013 年年底，我国共有 1 804 家兽药企业，生产兽药品种上万种，总产能远远超过国内兽药市场的需求量。多数兽药企业经营规模小、资金少、技术力量薄弱，它们的创新能力不强、产品同质化严重。部分兽药企业为赚取利润，甚至违规改变产品组方、中药添加西药，使由此引发的案件查处难度加大、兽药质量认定难度加大；还有一些兽药企业非法篡改兽药标签内容，扩大用途、夸大疗效、增加适应征范围；更有一些企业甚至恶意造假，致使一些假冒伪劣兽药在市场上仍有流通。部分兽药经营企业进货渠道分散、复杂，这为兽药市场鱼龙混杂提供了生存的土壤。

第三，是在兽药使用方面的问题。我国畜禽用药现状不容乐观，尤其是抗生素的使用问题尤为突出。养殖者用药缺少兽医指导，一些经销商专业技术水平不高，在兽药推销过程中推荐加大用量、随意配伍以及吹嘘抗生素万能等，都致使兽药不规范使用和滥用现象在中小规模养殖户中大量存在。而我国目前还缺少兽药使用不良反应监测报告制度，这就使这些现象长期存在于养殖经营中，而政府的相关机构也未能对此采取相应的有效措施。据调研记录，当问及农户对畜禽兽药的使用是否有明确的用药记录时，仅有 59

户（占被调查农户的 30.9％）表示有，有 132 户（占被调查农户的 69.1％）均表示未曾对畜禽用药进行过记录。有关专家 2004 年的研究结果已经发现，京津地区发病鸡对青霉素、链霉素的耐药性 9 年间分别上升了 50.8％和 85％。同时，由于细菌的耐药性在增强，因而养殖者会加大兽药的使用量，其结果是畜禽产品中药物残留量大幅度上升，这严重影响到了食用畜产品的质量安全。

# 第二节　饲养环节畜产品食用安全问题分析

## 一、畜禽养殖方式落后

我国畜禽养殖呈现小规模、低水平的千家万户散养方式，而且千家万户散养方式仍然占到我国畜禽出栏量的很大比重，全国接近三成的畜禽是由年出栏 50 头以下的散户所提供的。目前，我国畜牧业生产方式总体上仍然比较落后，从业人员的饲养技术和管理水平都较低，饲养设施简陋，畜禽防疫不够到位，养殖者质量安全意识淡薄，因而容易造成畜产品的质量安全隐患。

第一，广大的散养农户和乡村传统的养殖大户大多没有接受过专业的培训，一些比较先进的经营理念和先进的饲养技术难以得到推广普及，一些养殖农户对于国家的畜产品质量安全法律法规不了解，防疫意识薄弱，质量安全意识不足。

第二，中小规模养殖户养殖环境条件不规范、饲养水平不高，难以实施标准化生产。乡村小户散养生产经营一般都比较粗放，多数家户养殖场不符合国家标准和行业标准，动物防疫条件差，人畜混杂，畜禽发病率较高。由于畜禽发病率较高，因此要进行药物治疗，加之用药不够科学合理，因而进一步造成畜禽产品品质降低以及兽药残留超标等问题。

第三，饲喂设施因素。饲喂设备主要包括饲料运输车、贮料仓（塔）、饲料运输机、加料车、饲槽（限量饲槽和自动饲槽结合使用）。我国的《动物及动物产品生产企业兽医卫生规范》中要求：

猪只饲喂和饮水设施必须设计建造合理、材料坚固、无毒无害，且易于清洗消毒。现实中饲喂设施管理往往不达标，比如使用了有毒有害的材料，或是饲料供给系统管理不够严格，在包装、运输和饲喂过程中容易遭受污染等。

第四，在饲养环节中饲喂人的食物消费残剩品、泔水、下脚料等垃圾饲料，由于食源的不干净（带有人的病原物质），因而增加动物人畜共患病的发病概率，或是不能保证动物饮用水源的清洁，这就会增加动物感染疫病的机会。总之，动物饮食来源的不达标最终会影响到肉品的质量安全。

第五，是养殖户缺乏健康养殖知识，对兽药的性能和使用的有关规定更是缺乏了解，加之长期使用配方不科学的饲料或是不合格的饲料、饲料添加剂，结果由于动物体内某些元素超标而导致食用畜产品不安全。乡村的中小散养户往往缺乏完善的病死畜禽无害化处理设施，这就使得病死畜禽处理不规范，有些甚至违规卖给不法商贩致使病死畜禽流入市场，这严重危害到畜产品的食用安全。总之，目前大部分乡村所采取的病死畜禽无害化处理措施显得不够有力，极易造成畜产品质量安全的风险。

## 二、带病种畜禽、仔畜禽的引入

防止带病种畜禽、仔畜禽的选择及引进是畜禽生产过程中至关重要的环节。根据《中华人民共和国动物防疫法》规定，跨省引进种用动物的，应当向输入省动物卫生监督机构申请办理审批手续，并在产地取得检疫证明。只有引进优良且不带病的种畜禽，才能建立起良好的基础畜群，而健康无病的畜群是保障整个地区畜牧业发展的首要前提。选择能够提供健康无病、性能优良且质量高信誉好的大型种畜禽公司，是保障种畜禽质量的基础和关键。

养殖场（户）从种畜禽供应商处选择并购买种畜禽的过程，直接影响种畜禽的质量（例如，畜禽免疫性能、抗病能力强，环境适应能力、繁殖性能、其后代是否健康等），进而最终影响畜禽产品的感官指标（如肉的香味、嫩度、药物残留量、食用安全性等）。

在实际生产经营中，养殖户引种时由于引种知识缺乏或是出于成本考虑，存在盲目引进、引进时不进行检验的现象。这常常会产生因引种而出现的动物不适应，或是所引品种生产力不能达到期望的生产水平，或是引进畜禽出现死亡，或是引发动物疫病的流行，或是形成长期的疫源隐患，等等。

首先，就是养殖户引进畜禽时，因贪图便宜而不到正规且有资质、信誉度好的良种场引种，从市场或其他养殖户中随意引进种畜禽，就有可能引进假良种。有的养殖户由于没有考虑畜禽对地理气候环境的适应性问题，因而盲目引种，引进后由于不适应致使畜禽发病死亡，而且极易造成疫病传播和畜产品质量安全隐患。

其次，是有的养殖场（户）不充分了解种畜禽产地疫病情况便盲目引种。由于对引种地区是否是疫区不清楚，而且不注意进行产地检疫和了解引进种畜禽的防疫情况，种畜禽引进后引发传染病，结果造成经营上的损失。

第三，是养殖户为了逃避检疫费，引种时往往不主动报告检疫。由于养殖场（户）对种畜禽是否带病并不清楚，因而带来经营上的隐患。有的养殖场（户）引种回来后不严格实行隔离观察制度或隔离时间不够，进舍前也没有对种畜禽进行免疫接种，就直接混群饲养，这样做很容易引入外来疫病，结果同样是产生经营上的风险。

## 三、饲料、饲料添加剂、兽药的不合理使用

饲喂不安全的饲料和滥用兽药，往往会引发疫病并且使疫病难以控制，结果就是众多病原菌、病毒及毒素由此而广泛传播。兽药、各种添加剂、激素和放射性元素等，在饲养过程中可能危害畜禽健康，如果残留在食用畜禽产品中则会进一步危害人类的健康。同时，畜禽排泄物及废弃饲料中重金属、药物和病原微生物等有毒有害物质，也会成为严重污染生态环境的污染源，对土壤、空气、

水源等人类赖以生存的环境造成污染。由此形成"畜禽养殖废弃物污染环境→畜禽生存于被污染的环境中→畜禽生存于被严重污染的环境中"这样的环境恶性循环中，而畜禽则处在是"环境恶劣→生病→用药→环境更加恶劣→再生病→大量用药"的非健康生存状态中，最终人类要承受的将是"环境恶化不宜居→畜产品药残超标→畜产品质量安全难以保障→人类健康受损"的严重后果。

近年来，通过加大查处违禁使用药物的力度等举措，使得在饲料中添加违禁药物现象有所收敛，但这一现象仍旧是难以杜绝。分析其原因，首先是一些饲料加工厂或畜禽养殖场受利益驱动，非法饲喂违禁添加剂、兽药、激素等，这些物质可引起中毒、致癌、致畸、致突变等严重问题。比如，肾上腺素类药物（瘦肉精），喹噁酮类、氨苯砷酸等砷制剂以及麻醉、镇痛、镇静类药物等，添加在饲料中饲喂给动物终将会导致这些药物在畜产品中残留超标。另外，饲料中某些元素的缺乏或过量也会影响到肉品的品质，比如缺乏维生素 E、硒会造成白肌病，过量饲喂苜蓿、胡萝卜等会造成黄色素沉积并形成黄脂肉。

其次是当前养殖场在畜禽疾病防治过程中大量使用兽药的现象比较严重，特别是抗生素类药物的滥用已形成恶性循环。尽管农业部已经颁布了兽药的休药期，但仍缺乏强制约束力和有效监督手段。一些养殖企业或养殖户只顾追求眼前经济利益，不遵守药物添加剂的使用量、停药期、注意事项、配伍禁忌等使用规范，不按规定落实停药期或过量添加微量元素，从而造成畜产品药物残留超标。饲养场（户）为防治疾病、提高动物生产水平和生产效率而大量使用抗生素及化学合成药物，甚至使用一些违禁药物和激素，在畜禽出栏前不采取停药措施而仍继续使用，结果造成畜禽体内药物大量蓄积，或随粪便排出危害环境，或残留在畜产品中危害人类健康。

第三是饲料霉变产生的毒素，通过饲喂使畜禽致病，也会造成畜产品的安全隐患。在畜牧业经营中，必须严格执行动物源性食品的兽药残留标准，如不严格执行将引起畜禽和人的病原菌耐药性，这将极大地危害我国畜牧业的健康发展，也终将给人类健康带来极大的隐患。

## 四、动物疫病问题

动物疫病不仅会影响畜禽的生长，甚至会造成畜禽的死亡，严重危害着畜牧业生产，而且造成畜产品致病微生物的污染，直接影响到畜产品的质量安全。病原微生物污染是动物疫病传播的重要途径，如沙门氏菌、大肠菌菌、葡萄球菌、肉毒梭菌等病原菌的传播都可能引发动物疫病。霉菌污染是最突出的微生物污染，其所产生的霉菌毒素不但危害畜禽健康，一些毒素残留超标也同样会影响到畜产品的食用安全。病原微生物和寄生虫侵染畜体，会使畜产品感官性状不良，营养价值降低，甚至完全失去食用价值。畜禽感染病原微生物或寄生虫后，人食用了被病原微生物（寄生虫）感染的畜禽肉品后，可以造成人体感染或使人体受到病原毒素的侵害，如猪丹毒（病毒）、结核病（细菌）和囊尾蚴（寄生虫）等都会使人体受到侵害。用病畜、病禽制成的食品，会导致大量的细菌、霉菌、寄生虫滋生，造成人类食物中毒，严重损害人体健康。

当前，我国集约化养殖企业数量不多，大多数经营者都是分散饲养，其圈舍简陋、环境条件差，缺乏基本的防疫条件，很难有效预防与控制畜禽疫病。

首先是一部分养殖场（户）的场址选择不合理，缺乏科学的规划与布局，养殖场离公路和村庄较近，周围环境条件差，或是地势过低、排污困难、通风不良。如果基本的布局设计与结构不合理，养殖场圈舍设计就难以科学，许多地方的养殖场都是养殖生产区与生活区混在一起，使得疫病的防控难度加大，许多防控措施难以落实。

其次是生产流程不合理，种畜、保育、育肥、出售等流程相互交叉，严重影响到了疫病的防控。一旦某些烈性传染病暴发流行，如禽流感、猪链球菌、高致病性蓝耳病等，其来势会更加凶猛，造成的危害也会更大。

第三是部分养殖场（户）动物疫病防控观念差、防控意识淡薄。很多养殖场（户）只重视市场销售而忽视养殖管理、疫病防控，只重视发展规模而不重视疫病综合防控。有些养殖场（户）不按免疫程序进行免疫，疫苗使用不科学，免疫注射不规范；外来人员、车辆（尤其是畜禽贩运人员、其他服务人员等）随意进出养殖场，消毒池也不灌注消毒液，使其形同虚设；不定期进行动物、环境、圈舍、饮水的消毒灭源，这就难以切断疫病传播的途径；畜禽的细菌性疾病和寄生虫病也有明显增多的趋势。

第四是养殖场缺乏专职或兼职兽医人员。兽医工作开展无序，养殖场缺乏科学合理的防疫计划和保健计划措施，重视治疗轻视保健，重视药品价格低廉而轻视药品的质量，重视治标轻视治本，而且抗生素滥用的情况也比较突出。

第五是养殖场（户）动物疫病防控工作过度依赖于疫苗，忽视饲养管理、动物营养、环境控制、药物保健等日常而又关键的基础性工作。

第六是养殖户缺乏畜产品安全自律意识和养殖环境保护意识。部分养殖户为了自己的眼前利益，将病死畜禽出售给不法商贩，在养殖场内外晾晒畜禽粪便，造成动物病原的扩散和养殖环境病原的严重污染，这给健康养殖和畜产品质量安全带来极大的隐患。

## 五、环境污染问题

安全畜产品的产地环境条件要求十分严格。环境污染物可以分为大气污染物、水体污染物和土壤污染物几类。在被污染的自然环境中，含有许多有害的化学物质和有毒金属（如汞、铅、镉、砷、铬等）、非金属化合物（氟及氟化物、芳香烃类等）等有害物质。

由于饲养环境较差，空气中 CO、尘埃、病原微生物等可以影响到家畜的健康，畜禽在被污染的环境中生活，就会通过长期呼吸、吸收或摄食、饮水而使环境污染物进入并积累在畜禽体内。这不仅会对畜禽健康造成直接危害，而且这类畜产品一旦被人们食用后，还可以引起急性中毒或引发各种严重疾病。

圈舍环境也会影响畜禽的健康状况，比如养殖者盲目兴建养殖场，建造不规范的圈舍，结果常常会使圈舍温度难以控制。温度突然变化的频率增加，会使长期生活在圈舍中的畜禽应激反应增加，这时就容易感染病毒，细菌极易活化，从而引发多种畜禽疾病。养殖场污水排放不合格或因场区湿度过大也能引发畜禽发病。场舍通风不良，舍棚内就容易产生恶臭气体，畜禽就易患呼吸道疾病和其他疾病。

此外，养殖者往往为了减少投资，在有限的舍棚内饲养大量的畜禽，并且分群不合理，由此减少了每一畜禽的生存空间，这就提高了环境中的微生物、有害气体和刺激性尘埃的浓度，由此导致畜禽患病概率增加，并极大地影响到畜产品的质量安全。

## 六、养殖废弃物处理的问题

养殖废弃物处理不当容易污染环境、滋生并传播动物疫病，由此造成畜产品质量安全隐患。养殖废弃物无害化处理，是指为预防控制畜禽疫病的流行和传播，而杀灭畜禽粪污中的有害病原菌和寄生虫卵以及深埋或焚烧病死畜禽的过程。养殖废弃物无害化处理的目的是保障人畜健康安全。粪污无害化处理是以养殖场粪污为处理对象，杀灭畜禽粪污中的有害病原菌和寄生虫卵，再进一步进行实现资源化利用，使用粪污生产有机肥，使粪水产生沼气等可再生能源，从而实现养殖治理环境、粪污综合利用和生产可再生能源的有机结合。

病害畜禽的无害化处理是指按国家相关规定，对经动物检疫或肉品品质检验确认不合格的病害畜禽及畜禽产品（简称病害畜禽），采用物理、化学或生物等方法进行处理，以彻底消灭其所携带的病原体，消除病害因素的过程。对符合废弃物无害化处理范围的病害畜禽及畜禽产品主要是采取掩埋、焚烧、湿化、感化、消毒等方法来进行处理。

目前在我国以散养户为主体的养殖业大军中，大多缺乏完整的病死畜禽无害化处理知识，许多地方的病死畜禽无害化体系也不健全，因而病死畜禽和粪污无害化处理还存在很多问题。

在病死猪无害化处理方面主要存在以下问题：一是不报告。广大饲养场（户）和经营者的防疫观念比较淡薄，对病死畜禽的危害性及其无害化处理认识不足，畜禽死亡后，他们往往不按规定上报，对病死畜禽尸体随意处置。二是缺少统一的无害化处理地点和设施，处理方式也不规范。农户散养和小规模农户养殖，其无害化处理方式比较单一，主要以掩埋为主，散养畜禽零星死亡后大多都不在防疫人员监督下进行处理，再加上养殖户自身素质和专业知识有限，养殖户也只是应付了事，掩埋不深、消毒不彻底、处理不规范，这也给疫病控制带来极大的困难。三是个别养殖场（户）甚至低价出售病死畜禽，结果便利了加工贩子将其加工后上市销售，这是形成病害肉品进入流通环节的基础条件。养殖户由于受处理成本影响和利益驱动销售了病死猪，个别食品加工企业收购后经过加工来出售病害肉品，他们往往以次充好，或将其加工成熟食后再销售，病害肉品就是通过这一路径加工后流入市场的，并由此产生了严重的肉品质量安全问题。

在粪污无害化处理中也存在几个突出的问题：一是养殖户环保意识不强。由于长期形成的养殖习惯等原因，养殖户只注重养殖经济效益，而忽视对养殖环境的保护。他们大多都没有粪尿废弃物处理设施，并将粪污乱堆乱放，或是不经处理就随意排放。这种情况在中、小型规模养殖场尤其明显。二是虽然有处理设施，但处理能力不能满足需处理粪尿废弃物量的需要。现有的养殖场污物处理主要是将其用作肥料或是经厌氧发酵产生沼气利用后再将沼渣和沼液处理成肥料等方式。近年来我国畜牧业的快速发展，使原有的粪污处理模式及设施已无法适应集约化规模养殖场排污的要求，结果导致养殖场粪污不能及时处理而成为污染源。三是往往注重栏舍附近环境卫生的治理，而忽视粪尿废弃物对外排放的环境治理，特别是集中养殖会带来粪污集中排放，结果会使排放量远远超出区域土壤的自净能力以及当地种植业的需要量。如果粪污处理配套设施不能跟上，大量的粪污就会造成周围环境的污染，久而久之很容易引发和传播畜禽疫病。四是有关部门对于粪污处理监管力度不够大。畜禽养殖业是一个弱势产业，管理部门更重视通过发展生产来赢得政绩，而对规范其养殖行为的粪污无害化处理工作则重视程度不够，监管的力度也不大。

# 第三节　饲养环节畜产品食用安全控制

尽管影响畜产品质量安全的因素很多，但养殖环节的影响至关重要。所以，必须加强对养殖环节的管理。同时，还要重视与这一环节相关的各方面规范的落实。其重点是要加强投入品的生产环节、流通环节、使用环节及饲养环境等方面的安全控制。

## 一、在投入品生产环节加强质量安全监管

要从源头上把关，以确保养殖投入品安全，这是畜产品安全的关键。

第一是要建立层次分明的繁育结构，形成宝塔式种畜禽生产链。要实行种畜禽生产、经营许可证制度，规范种畜禽生产、经营行为和方向；要建立公正、权威的种畜禽质量检验和监督机制，选育优良品种，深入贯彻落实《种畜禽管理条例》，加强种畜生产经营许可证的发放和管理，逐步建立符合我国畜牧业生产实际的育种、繁殖、推广相互配套，科学高效、监督有力的良种繁育体系。

第二是要进一步加强对兽药生产和使用的管理。严厉打击违禁药物生产源头，彻底摧毁违禁药物供应、销售、使用链条，从根本上杜绝违禁药物的来源。要做到科学用药，严格执行休药期制度，避免产生药物残留和中毒等不良反应。要尽量鼓励使用高效、低毒、无公害、无残留的"绿色兽药"。

第三是进一步加强对加药饲料生产的安全管理，严格按照农业部公布的《可以在饲料中长时间添加使用的饲料药物添加剂品种》（32 类）和《仅是通过混饲给药的饲料药物添加剂品种》（24 类）的要求和标准使用药物添加剂，要坚决杜绝添加违禁药物。要在生产企业大力推广 GMP（良好作业规范）、HACCP 管理、ISO 制度等，逐步引导生产企业达到上述标准，并通过对企业生产环节的控制来实现对产品质量安全控制的目的。

第四是要加强对执法人员和从事畜牧业投入品经营人员的培训和教育，做好对有关法律法规的教育和宣传工作，还要规范执法行为，提高经营者依法经营的意识。

## 二、在投入品采购环节加强质量控制

要加强引种安全控制，尽量不到外地引种，坚持（地域内）自繁自养为主。需要引种时要严格报检，并务必要取得引种检疫合格证。引进的畜禽要在隔离区内饲养观察，经检测为健康合格后，方可转入生产区养殖。为确保采购到优质的种畜禽，采购过程中应充分考虑品种、生产过程和育种方法等因素，要选购那些品种优良、饲养水平高和育种手段先进的种畜禽。

为保证采购到优质的饲料，采购过程中应充分考虑饲料原料的来源、饲料的加工工艺以及加工设施和饲料存储条件。要选购那些原料来源渠道正规，加工设备先进且加工工艺合理，以及饲料存储设施先进、存储方法正确的饲料。

要选择信誉好、产品质量高的兽药供应商，这是保障兽药质量以及畜禽饲养质量的重要基础。兽药采购，即养猪场（户）从兽药供应商处选择并购买兽药的过程，它直接影响到畜禽的饲养质量，进而还会影响到畜产品的药物残留水平，也在一定程度上决定着畜产品的感官指标水平。

为确保采购到优质的兽药，采购过程中应充分考虑品牌、供应商和存储方法等因素，要选购那些能从各方面保证兽药产品质量的兽药供应商。

## 三、在投入品使用环节加强质量控制

兽药残留的原因较为复杂，涉及到生产者、经营者和使用者的方方面面，因此，除了对生产者和经营者通过教育和法律手段进行规范以外，更重要的是要对使用者进行兽药安全教育和提供兽药科学使用信息服务。比如，对于兽药种类、成分及病原体对药物的敏感性等知识的普及就十分重要，要引导使用者选择疗效高、作用强、代谢快、副作用小的药物使用，要教育使用者拒绝使用假冒伪劣药物，要避免乱用和滥用药物，倡导和强化"预防为主，防重于治"的观念，要引导饲养者加强日常的饲养管理和圈舍消毒，尽可能避免疫情的发生，要最大限度地避免兽药残留和兽药的超标使用。

要严格执行《饲料和饲料添加剂管理条例》，按规定正确使用饲料药物添加剂，严格执行《允许用做饲料药物添加剂的兽药品种及使用规定》和《动物食品中兽用药物最高残留限量》，其中明确规定了对饲料药物添加剂的适用动物，最低用量、最高用量及停药期、注意事项、配伍禁忌和最高残留量等。未来要积极开发无毒副作用、无污染、无残留的新型绿色饲料添加剂。

要加强对养殖场（户）的培训，以提高其产品质量安全意识，并指导养殖场（户）科学饲养和用药，规范饲料添加剂使用和兽药使用，以减少动物体内的有害物质残留。还要完善饲养场用药记录制度，建立饲养场用药档案，建立和健全饲养场购销记录制度，规范其生产行为，引导其依法生产经营。

## 四、在畜禽饲养环境方面加强控制

必须要加强养殖场周围的环境污染治理。要保证畜禽养殖远离环境污染，并加强养殖区的废弃物污染控制，使畜禽养殖环境达到动物健康标准。要定期公布各区域适宜养殖指数以及养殖品种，以指导养殖场（户）科学选址、科学饲养。只有减少污染，使饲养环境和水源达标，才能增强畜禽的各项生理机能，从而减少疫病的发生，减轻疫病监控的难度。另外，还要鼓励和支持小规模农户建设标准化的养殖场，逐步改变人畜混居共处的现状和畜禽混杂的养殖局面，要引导养殖户加强对圈舍内外环境的治理力度，以保障畜禽有一个健康安全的生长环境。

要提倡重视动物福利的养殖模式。在畜禽饲喂、疫病防治、畜禽运输及屠宰等方面也要重视动物福利，这有助于阻绝畜禽疫病的发生和传播，有助于保证畜禽的体质健壮和精神健康，并能有效的改善畜产品的品质、风味和口感。从生态意义来说，尊重动物、善待动物最终将惠及到人类自身，并促进人与动物之间的关系日趋和谐。

畜禽在饲养过程中的动物福利，包括合理的饲养方式、适当的饲养密度、安全的饲喂物质和合适的饲喂设施等。这就要求在规模饲养生产过程中，要通过完善饲养场内外布局和畜舍内部的设计等一系列措施，在养殖场为畜禽营造一个良好的生长和繁育环境。

要完善动物疫病防控体系。要进一步健全动物疫情测报网络；要对重大动物疫病防治实行计划免疫和强制免疫制度，并强力推行免疫标志制度；要集中力量加强动物疫病预防冷链建设；要完善兽医实验室体系，加强动物疫情测报、流行病学研究、风险评估等动物疫情管理的基础工作。为加强疫病控制，畜禽生产要实行封闭管理，建立起以预防为主的兽医保健体系，并制定科学的免疫程序，强化防疫消毒设施，建立卫生防疫体系，实施全方位的防疫制度。

## 五、在病死畜禽和粪污的无害化处理方面加强控制

要做好病死畜禽和粪污的无害化处理。政府应尽快建立同养殖现状相适应的，以政府为主导、商业运作为辅的病死畜禽无害化处理系统工程，以解决目前病死畜禽无害化处理存在的占用土地、水

源、环境等污染问题。监管部门和其他相关部门要联手打击、收购、贩运、加工病死畜禽及产品的违法行为。养殖场（户）严禁出售、抛弃病死畜禽，并按规定进行无害化处理。要加强畜禽粪污的无害化处理，新建、改建、扩建畜禽养殖场必须同时设计粪污处理设施的建设，在养殖场投入使用前，应报畜牧养殖监管服务机构组织对养殖场的粪污处理设施和其他污染防治设施进行预先验收。

要大力推广以沼气建设为纽带的畜禽粪污综合治理和资源化利用模式，并采用雨污分离设计、固液分离技术、干清粪技术、节能减排技术等措施，以减少畜禽粪尿污水排放量，并促使畜禽粪尿转化为沼气能源和沼渣、沼液肥料，以实现废弃物资源化利用和循环利用。

# 第四节 保障饲养环节畜产品食用安全的政策建议

## 一、加快畜牧业生产方式的转变，提高小规模养殖户的组织化程度

一般认为大型集约化饲养企业，资金实力雄厚，人员素质相对较高，其设施配套规范，便于集中采取综合性动物疫病防控措施，比如生物安全措施、环境控制措施等，因而大型企业更容易及时控制疫病，其产品的质量安全保证程度更高。而传统农户散养方式难以采用更多的先进技术，不利于实行科学饲养和标准化生产，其防疫条件和畜禽养殖条件比较差，发生疫病的概率较高，对其产品质量监管成本高、难度大，这些都给从源头上保障畜产品质量安全造成了一定的困难。

因此，必须加快畜牧业生产方式由传统农户散养向规模化、集约化、标准化饲养的转变。规模化、产业化和标准化养殖是今后我国畜牧业发展的方向。要调动各方面的力量，采取有效的政策措施，引导现有的散养户进行科学养殖和健康养殖，大力推进小规模

标准化养殖，构建符合我国国情的优质高效的畜禽养殖产业化体系。

应尽快实施畜牧业生产方式转变战略，即构建社会化服务平台，服务小农户、规范专业户、监督大型户，鼓励和扶持专业化的养殖小区、综合示范区、示范农场等建设，促进标准化、规范化和产业化经营。要着力引导乡村养殖业朝着组织化的方向发展，要联合养殖农户形成养殖合作社，壮大共同抗御市场风险的能力，同时还有助于提高畜禽产品品质和产品标准化程度，从而保证在饲养环节实现畜产品的质量安全。

## 二、加强饲料、兽药等投入品的研发，开发绿色投入品

要通过加大政府投入来改良畜禽品种和创新饲养方法，其目标是要从饲养方法和操作规程上减少环境、饲料等对畜禽养殖的不利影响，减小畜禽被疫病感染的概率，以达到提高畜产品质量的目的。

对饲料、兽药等生产环节，一方面要加强对饲料和兽药生产企业的资质认定工作，严格检查生产过程的规范性，还要定期抽查饲料、兽药的产品质量，对于生产条件不符合规定的企业和其产品不合格的企业要坚决予以取缔。要引导饲料企业、兽药企业向高标准、品牌化、综合化的方向发展。另一方面，要鼓励和支持饲料、兽药企业研发无污染、无残留、抗疾病的绿色兽药和绿色饲料添加剂，因为安全、高效的绿色饲料添加剂已经成为新世纪饲料产业发展的方向。绿色投入品的研究开发和产业化进程，直接关系到我国饲料业和养殖业的健康和可持续发展。我国已于 2001 年通过了绿色食品兽药使用准则和绿色食品饲料和饲料添加剂使用准则，这将会引领我国畜牧业绿色投入品未来的发展进程。

另外，还要加强对饲料和兽药流通环节的监管。畜禽饲料监管的重点是中小型的饲料生产企业和饲料经销商。对兽药流通环节要

实施严格的监管，要整顿兽药经销机构，清理兽药产品目录，公示违禁药物销售明细列表，明确抗生素类兽药的使用剂量和使用范围；要规范县级以下兽医队伍，实行兽医资质年检登记备案制度，规范乡村兽药和疫苗市场，引导养殖户实行养殖用药登记制度。

## 三、企业、政府共同建立质量安全控制机制，加强安全养殖规范

政府监管者要通过法律途径来保障畜禽养殖主体的利益。要引导生产者合理使用饲料、兽药，教育和引导生产者有意识地改善畜禽品质。在畜禽养殖过程中，要加强对养殖者的技术培训，全面提高养殖户的科学技术水平，要指导养殖户在畜禽饲养过程中科学使用各项投入品。各级农业主管部门、农业技术推广部门可以利用宣传媒体和畜禽饲养技术培训班，加强畜禽安全养殖方面的培训，大力宣传国家禁止在畜禽饲养中使用高毒、高残留农兽药，并督促养殖者严格执行停药期规定。

要加强法律法规宣传和科学技术培训，采取行政手段和违法处罚相结合的方式，来提高畜产品生产者的法制观念和科技素养，要使他们牢固树立质量安全意识、标准意识、规范意识，要使养殖者确立自律意识，要提升养殖者的道德感和责任感。同时，增强养殖企业职工的法制意识和质量安全意识，并进行相关技术进步、科学知识的普及教育，以提高生产者和管理者的科学素养和道德素养。

要加强养殖企业生产过程标准化建设，提高养殖主体的自律意识。饲养企业在生产和管理方面都要依据国家畜禽养殖标准，饲养环节要符合国家畜禽养殖规范，运用良好生产规范（GMP）、HACCP生产管理体系等措施，从原料使用和辅料投入开始进行监控，以保障畜禽产品品质的安全性、稳定性、标准化。

## 四、倡导动物福利，发展畜禽健康养殖

改善动物福利状况也是保障畜产品质量安全的重要途径。动物

福利关乎经济、环境和人类社会的可持续发展，随着经济、社会的快速发展以及资源环境约束的日益凸显，人类与自然、动物的和谐共处变得越来越重要，动物福利也逐渐成为全球关注的话题。

动物福利不是给动物额外的待遇，而是要满足动物的基本需求，保护动物免受伤害，保持动物的康乐生存状态。通过改善动物福利状况，可以降低动物发病率和死亡率，减少动物用药量，这有利于提高动物健康水平，有利于提升畜产品的品质和安全性，更能从根本上保证动物源性食品的安全。

要加强生态畜禽健康养殖。随着人类社会环保和生态意识的不断增强，在畜牧业养殖中，各地越来越重视环境保护问题。在一些发达国家，已经将养殖业中的生态保护列入最基本的质量标准控制之中，并对养殖场地、畜禽粪便的处理、畜产品废品、病死畜禽的无害化处理等都制定了严格的环境保护标准，从而大大减少了各种畜禽病菌的孳生与传播途径。目前，我国畜牧业发展也必须要加快实施生态牧业发展战略。

按照畜禽健康养殖的标准，在养殖场场址位置、场内布局、设施设备、管理制度、投入品控制、卫生防疫、生产记录、污物处理等方面，都要实行严格的健康养殖标准。比如，养殖场场址的选择要符合有关健康养殖的规定，栏舍布局要满足动物福利的要求，引种要严格执行有关的防疫规定，在养殖过程中要严格执行各项质量控制制度和技术操作规程。

# 第七章

# 屠宰环节畜产品食用安全保障对策

## 第一节　屠宰环节畜产品食用安全状况

从畜禽进入到屠宰加工厂以后，要经过 20 多道检疫检验程序。比如：宰前通过入厂检查、卸车查验、待宰查验三道关以确保活畜禽健康安全；屠宰过程中还有屠宰加工控制和检疫检验关；肉品出厂要通过检疫检验关，需要经过自检自控和主管部门检疫。只有每道关卡都合格的肉品才能顺利出厂。其中的任何一个环节出现了问题，其活体或肉品都不能出厂，更不允许进入流通环节。但是，其中的任何一个环节一旦出现疏失，都会造成食用畜产品的质量安全隐患。

### 一、屠宰加工环节质量安全问题不容乐观

当前我国肉类加工行业已经基本建立起以现代肉类加工企业为核心的完整产业链，在技术水平、产业规模和产业素质等方面都取得了突破性发展，规模以上肉类加工企业呈现出良好的发展态势。截至 2014 年年底，全国规模以上屠宰及肉类加工企业共有 3 786 家。其中的猪肉加工企业主要是以片猪肉为原料，以标准化、规模化、生产线的方式将猪肉进行分割、深加工、包装并出售的企业。我国猪肉加工行业的上市公司主要有高金食品、双汇发展、上海梅林、得利斯和金字火腿等。但是，2011 年发生的"瘦肉精事件"、

2013 年发生的"漂死猪事件"、2015 年金锣集团的"病死猪肉事件"对生猪屠宰加工企业产生了一定的冲击，在屠宰环节畜产品的质量安全问题引起社会各界的关注。目前，我国屠宰行业的质量安全状况仍然不容乐观，其主要问题表现在以下几个方面。

部分屠宰加工企业卫生和检疫设施不符合我国强制性标准的要求。《猪屠宰与分割车间设计规范（GB50317）》和《肉类加工厂卫生规范（GB12694）》对肉类生产和加工的环境设施、卫生设施和检疫设施都有明确的规定。但是，目前我国一部分屠宰加工企业的卫生和检疫设施还不符合强制性要求。肉类屠宰加工企业是否按照有关的卫生安全标准严格组织加工流程直接关系到肉类产品的质量安全。病害畜禽的无害化处理不符合规定，就会导致严重的交叉污染现象，这就使得我国畜产品的品质和安全状况更加堪忧。

规模以上的畜禽屠宰加工企业其生产环境一般都能符合卫生标准，但有些企业检疫检验的操作还不够规范。有些企业的环境卫生条件不合格，工艺流程不合理，储运条件不当，这些都会导致肉类产品的微生物含量超标。另外，有一部分畜产品的质量安全问题还来源于定点屠宰企业在屠宰加工过程中为节约成本而蓄意违反屠宰流程的行为。比如，某些定点屠宰加工企业缺乏必要的兽医专业人才和检验设备，屠宰过程中的检验检疫不到位。再比如，目前大多数定点屠宰加工企业对"瘦肉精"的抽检比例仅为 5％左右，对于抗生素药物残留的检测也基本是空白。同时，我国定点屠宰加工企业目前的状况也是小而分散，政府监管也显得捉襟见肘，难以监管到位，加之一些承担监管职能的检验检疫机构不主动作为，这就使得我国屠宰加工企业的卫生和检疫状况令人堪忧。

"私屠乱宰"也是我国屠宰加工环节产生质量安全问题的原因之一。"私屠乱宰"主要是指一些不具备屠宰资质的企业和个人，低价收购病死畜禽或不按照规定的流程进行屠宰，然后通过伪造相关的"肉品品质合格证明"或违法取得"合格印章"，而将畜产品输入市场的行为。"私屠乱宰"的肉品其质量安全无法得到保障，而且会严重危害消费者的健康。我国《生猪屠宰管理条例》明令禁止"私屠乱宰"的行为。但在经营实践中，由于受到非法获利的驱使，一些不法分子仍然在从事"私屠乱宰"的行为。据调查，大多数非法屠宰点的卫生条件恶劣，缺乏必要的检验检疫程序，这一行为在危害消费者健康的同时，还扰乱了正常的畜产品市场秩序，使生产合格畜产品的定点屠宰加工企业在产品销售上受到很大的影响。从总体上来看，"私屠乱宰"现象目前在我国仍然难以禁止，发案率时高时低，集中打击时发案率低，一旦放松管理发案率就会提高。究其主要原因，除违法成本低之外，原因还在于政府的监管资源不足，难以长期坚持严格执法。从政府层面来看，某些地方政府片面追求经济发展，在促进经济发展上投入了更多的资源，而在畜产品屠宰加工监管上就显得投入不足。殊不知政府只有率先保障了畜产品的质量安全，人心才能安定，社会才能稳定。对于畜产品屠宰加工监管的资源投入应该是常量，而对于促进经济发展的资源投入则是锦上添花。

另外，我国的消费者在畜产品消费上也存在着某些误区。在我国广大的农村地区，消费者误认为就地宰杀就地销售的畜产品更加新鲜，而忽略了屠宰的卫生规定和屠宰检疫规定，这就为肉品的消费安全埋下了隐患，也为乡村的疫病防控埋下了隐患。就地宰杀的畜产品没有经过检验检疫就直接销售给消费者，屠宰排放的污水四处横流也使得环境被污染、疫病向外传播。因此，要教育广大消费者认识到就地宰杀就地消费的危害，让消费者的消费行为变得科学和理性，当人们不再热衷于追求就地宰杀就地消费的所谓"新鲜"了，这一市场就会萎缩，"私屠乱宰"的现象也就会大大减少。

畜产品屠宰加工环节的主要质量安全问题可归纳为以下几个方面：第一是屠宰加工企业为了节约成本，违规购入问题活畜禽进行加工，追求以低价收购问题畜禽作为加工原料。某些缺乏社会基本道德规范的屠宰加工企业为了增加自身的利润，以超低价违规收购病死畜禽作为原料进行屠宰加工，这就给肉品的质量安全带来了先天的隐患。第二是生产过程的质量安全控制不到位，或是屠宰加工环境不达标，致使微生物、重金属等含量超标。第三是为了迎合消费者在风味、口感、保质期等方面的要求，在生产加工过程中违规添加某些禁止使用的添加剂。我国对于肉品加工企业质量安全的监管以推行强制认证和自愿认证相结合的方式进行，最典型的强制认证就是 QS 认证，质监部门要求各类肉品加工企业必须建立 QS 体系，只有取得认证才能进行加工生产。以猪肉屠宰加工为例，目前我国共有 10 423 家猪肉加工企业取得了 QS 认证，基本上做到了全覆盖，许多猪肉屠宰加工企业为了应对国内外市场需求，还自愿构建了 HACCP 体系并取得认证。因此，在我国猪肉的屠宰加工环节已经形成了政府和企业共同参与的比较有效的质量安全管理模式。

相比养殖环节和屠宰环节，肉品深加工环节的质量安全管理做得要好一些，但也暴露出一些问题。这些问题集中体现为政府对强制认证的管理不够健全，导致个别企业在取得认证之后，反而放松了对产品质量安全的管控。有鉴于此，自 2006 年开始，国家认证认可监督管理委员开始对已经获得认证的企业进行定期的监督检查，以监督企业在获得认证之后依然能以认证标准严格管控其产品的质量安全。

## 二、畜禽代宰模式主体不明，导致不能对肉品质量安全进行有效控制

在畜禽定点屠宰模式下，屠宰环节对畜禽的经营分为收购屠宰和代宰两种模式，收购屠宰模式是指经屠宰厂与农户或畜禽批发商商定购销价格，由屠宰厂购买活畜禽后屠宰加工成肉品再进行销售，并从中获得利润增值的经营模式。而代宰模式则是屠宰厂以向养殖场（户）或者畜禽批发商收取代宰费的方式为其提供畜禽屠宰服务的经营模式。在代宰模式下，屠宰厂的收入是与屠宰数量成正比的，也就是说宰杀畜禽数量越多，屠宰厂就能赚取更多的收益。同时，由于检测畜禽产品药物残留量的费用往往会高于代宰畜禽所收取的费用，因此，依靠屠宰厂来对养殖场（户）/畜禽经纪机构提供的畜禽进行屠宰前的检疫，就会显得苍白无力。屠宰厂为了经

济利益当然不愿意在检测方面多加投入，这是经济规律使然。

代宰模式对于畜产品质量安全的影响主要体现在以下方面：第一，代宰模式导致责任主体不明。畜产品质量安全问题本应由屠宰加工企业负责，而代宰企业则认为自己已经向政府机构交纳了检疫费，肉品的质量安全问题应由政府机构来负责。第二，企业进行代宰代工，它们并不认为企业应该对出厂产品质量负有全部责任，这就造成了在肉品质量控制上的监管空缺。我国目前的监管体制和法律法规对这些委托方的准入规定和限制措施缺乏，这就造成了监管的漏洞，使畜产品代宰模式本身存在着严重的质量安全隐患。第三，屠宰企业作为提供屠宰加工劳动的"服务方"，委托方作为屠宰企业的"客户"，二者之间一旦开始合作就会形成利益共同体，双方对畜禽产品质量安全控制的动力和积极性都不高，这当然不利于有效保障畜产品的质量安全，甚至会促成不符合质量安全规定的畜产品流入市场。

## 三、屠宰企业不能提供有效的畜产品质量安全保障措施

据 2012 年商务部全国畜禽屠宰行业的情况调查，商务部的畜禽定点屠宰企业有 4 585 家，占畜禽屠宰行业的 31%。另据调查，全国的小型畜禽屠宰场点共有 10 135 家，占全国畜禽屠宰企业的 69%。全国绝大多数畜禽屠宰厂（场）还处于小规模、手工或半机械屠宰的落后状态，屠宰厂的机械设备、技术条件和人员配备方面都力量薄弱，执行生产环境卫生标准和检疫检验标准也不够规范，这正是不能确保向市场提供质量安全的畜产品的主要原因。

一家畜产品屠宰企业要保持利润，就要维持一定的屠宰数量，如果受到当地畜禽供给量的限制，没有获得足够数量的畜禽用以屠宰，那么这家企业依然要支付高昂的设备维持费用，但产出获利却在减少，这家企业一定会亏损。这时企业当然不可能会考虑如何更新设备、如何提高屠宰技术水平、如何提供更好的服务。

我国畜禽屠宰行业面临着较大的经营压力，行业整体利润率偏

低。据商务部统计数据显示，2012年全国畜禽定点屠宰企业营业收入利润率仅为1.85％。在目前屠宰行业利润低、竞争压力大的背景下，屠宰企业首先面临的是严峻的生存压力考验，小规模屠宰企业（屠宰点）为了平衡投资收益并获得持续的利润份额，自然难以履行"质量先行"的承诺，只能在原有的技术设备水平下，以较低的服务水平提供质量安全水平较低的畜产品，对于委托方要求提供畜禽产品质量安全严格控制的动力和积极性都不会高。

## 四、检验检疫力度不足，部分问题畜产品很难被检出

近年来，以"兽药残留""瘦肉精""注水肉"为代表的猪肉质量安全事件频发，2013年福建漳州的"病死猪制售案"、上海黄浦江的"死猪漂浮事件"更是成为公众关注食品质量安全的焦点。在现实经营中，部分经营主体食品安全意识淡薄，违法行为不被追查就获利畸高，加之我国畜产品检验检测体系不完善等因素的存在，就使我国畜产品质量安全事件频发，结果既直接危害了消费者的身体健康，也间接伤害了消费者对于国内畜产品质量安全的消费信心。

根据农业部相关统计数据显示，2013年经过定点屠宰厂检疫检验（按批次抽检）的畜禽共覆盖3亿多头，按全国出栏畜禽7亿多头来计算，检疫检验畜禽只覆盖了出栏总量的42.8％。再加上屠宰企业在屠宰加工环节中某些检测项目缺失或抽检比例太低等因素，结果就导致我国很多问题畜产品并没有在屠宰环节被发现，但却实实在在的危害了消费者的健康，也打击了消费者的消费信心。

## 五、行业集中度较低，质量安全监管难度大

经过2012年的审核清理，目前我国屠宰行业的规模化程度已经有了小幅度的提高，屠宰行业的区域集中度也基本稳定。同时，近年来双汇、雨润、金锣等大型畜产品屠宰加工企业纷纷扩大规模、投资扩建新厂，在加速我国畜禽屠宰深加工发展的同时，也促

进了我国畜禽屠宰加工行业的规模化程度的提高。

但从总体来看，畜禽屠宰及肉制品加工业产业链源头的分散化形势依然严峻，行业集中度较低加剧了以竞相杀价为主的分散型竞争，结果导致这一行业的综合实力难以提升。目前，我国畜禽屠宰加工企业前三强（雨润、双汇、金锣）的市场份额也仅占到全行业的10%左右。畜禽屠宰加工行业的集中度偏低，不仅限制了畜禽屠宰及肉制品加工行业的科技化、标准化和规模化发展，而且也加大了各级政府对于肉类质量安全的监管难度。

# 第二节　屠宰环节畜产品质量安全隐患

畜禽屠宰加工环节主要包括活畜禽收购、活畜禽运输、修整待宰、屠宰加工、检疫检验以及肉品的分割包装、保鲜储存和肉品运输这8个链节点，其中的每一个节点出现问题，都可能产生畜产品的质量安全隐患。

## 一、畜禽屠宰企业的上游供货商以散户居多，货源质量难以控制

在屠宰环节对于不健康畜禽进场的控制是保证畜产品质量安全的重要环节。我国畜禽养殖环节的基本特征表现为分布广、规模小。以养猪为例，据统计在2013年的生猪出栏量中，有42.4%是来自年生猪出栏量在100头以下的小型养殖户。由于小规模养殖户在养殖过程中没有统一的质量控制标准，其养殖的畜禽一般会通过畜禽贩子（多是个体商贩）集中收集后再送到畜禽屠宰企业。因此，畜禽屠宰企业的进场畜禽往往是质量参差不齐，而且对于入场畜禽的健康状况也难以全部掌控。

另外，在畜禽屠宰行业，不仅入场的畜禽来源复杂，而且畜禽代宰的比例还很高。由于利益驱使，畜禽代宰的质量安全管控也就越发的不到位，甚至一些病死畜禽也会流入屠宰企业，这使畜产品

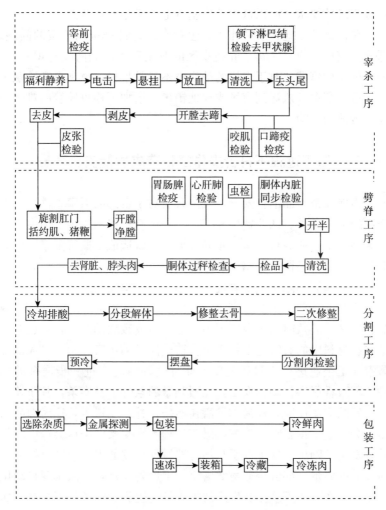

图 7-1 畜禽屠宰加工环节主要节点

质量安全的管控面临着严峻的挑战。目前，对于不健康畜禽进入屠宰场的检疫，主要是由动物卫生监督所负责。但他们检测工作的主要内容是查看动物检疫合格证明，对于禽畜体内是否有农药残留、兽药残留或者是使用了违禁药品、违禁化学品等，在法律法规上并没有明确的要求，所以这项工作基本上处于零监控状态。

在畜禽的产地检疫工作中，也存在产地检疫难以落实的问题。部分养殖场（户）尤其是养殖小区的业主对于疫病防控意识不强，为了免交检疫费，对于出栏的动物也不自觉报检，就私自卖给贩运者，这些畜禽被贩运到市场或异地销售，增加了检疫监管的难度和疫病传播的风险。

## 二、屠宰过程不符合操作规程造成质量安全隐患

为保障畜产品消费安全，我国政府对于畜产品屠宰条件、加工企业的加工条件、从业资格和卫生防疫都有严格的规定。但由于畜禽屠宰加工企业数量较多、布局分散，这就造成了监管困难，也为部分畜产品污染留下了漏洞和隐患。

这些漏洞和隐患主要表现在：第一，待宰动物未经休息而被立即宰杀时，其肌肉和实质性器官内会有细菌侵入；在剥皮、去内脏、冲洗、贮藏时由于温度不当，也会造成致病菌的生长；还有就是包装材料中的有害化学物质也会造成肉品的污染。第二，大部分屠宰加工企业进行不致昏屠宰，而且这种情况有进一步增多的趋势。不致昏屠宰使动物在受到强烈刺激的条件下被宰杀，其肌体产生强烈的应激反应，极易诱发潜在疾病，并产生毒素，这对肉品的品质会产生不良影响。第三，屠宰过程二次交叉污染也会造成肉品质量安全的隐患。加工场所与加工器械、容器的卫生条件直接关系到肉品的质量。部分企业畜禽屠宰加工设备简陋，无法实现自动化作业，生产过程不规范，生产加工人员卫生和身体条件不合格，加工过程产生的血污水与畜产品不能实现有效分离。总之，由于设备简陋和技术操作不规范等因素，会导致大肠杆菌 O157、沙门氏菌、金黄色葡萄球菌等致病菌的交叉污染，这进一步加重了畜产品被污染的风险和被污染的程度。

另外，由于我国没有强制实施 HACCP 体系，对致病微生物也未进行例行监测，对于屠宰过程的交叉污染程度和所造成的后果尚

没有权威的统计结论和分析结果。但是，根据部分检测机构对于猪肉中致病微生物的抽样检测分析，沙门氏菌、大肠杆菌 O157 的检出率已经接近或超过 10％。因此，屠宰过程中的交叉污染已经成为我国畜产品质量安全的一大隐患。

## 三、加工过程掺杂使假、违规使用添加剂导致畜产品存在化学残留物

由于市场管理监管难度大，畜产品在加工过程中掺杂使假的现象时有发生，畜产品以次充好现象也仍然存在。鲜活畜、禽、水产品具有品种复杂、易腐败变质、保鲜难度大的天然属性，有的畜产品屠宰加工企业在加工畜产品过程中为了使其外观好看，非法过量使用漂白粉、色素、香精等化学品，有的不法商贩为了延长畜产品的保质期而添加抗生素以达到灭菌的目的。

另外，通过注水使肉品增重、利用病死畜禽来加工熟食、违规使用甲醛等化学品以延长肉品的保鲜时间等现象也时有发生，在畜产品中添加某些违禁物品等现象也还依然存在，这些现象都给保障畜产品的质量安全增加了难度。

## 四、散养畜禽屠宰的中间环节多，不利于保障畜产品质量安全

我国畜禽散养场（户）养殖的畜禽自 1998 年 1 月 1 日开始实行定点屠宰制度。这种屠宰方式一度以"定点屠宰、集中检疫、统一纳税、分散经营"为优势，曾在防止"私屠滥宰"方面起到了一定的积极的作用。但是，随着我国居民对肉类产品消费量的不断增多和对肉类产品品质的要求逐渐提高，这种选屠宰方式渐渐显露出一定的弊端。经地方政府审批确定的定点畜禽屠宰厂负责屠宰本地区附近养殖场（户）育成的畜禽，由于养殖场（户）饲养规模普遍偏小，一户出栏的畜禽数量往往小于运输畜禽的车辆所能承载的容量，因此往往需要几个畜禽养殖场（户）联合运输到畜禽交易市

场，然后再经转运送至屠宰厂。

在这种情况下，就催生出一类经济主体——畜禽贩子，他们从农户手中贩运畜禽至当地畜禽交易市场，再由畜禽交易市场将活畜禽输送到屠宰环节，散养户手中的畜禽就是通过这种方式流转到屠宰加工部门。

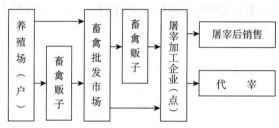

图 7-2　散养畜禽屠宰的中间环节

畜禽定点屠宰点与养殖散户的连接模式见图 7-2。养殖环节与畜禽屠宰环节之间的链接经历了畜禽贩子、畜禽批发交易市场、畜禽批发商等多个中间环节，其流通渠道比较复杂，特别是畜禽贩子多是个体经营者，他们对于畜禽质量控制的能力和意愿都比较弱，运输时又把这些畜禽集中到同一辆车上，为了减少运输途中畜禽的应激和死亡，往往运输前强行给畜禽使用药物，运输途中也不可能让畜禽得到充分的休息，这就使得畜禽在运输途中容易产生过多的激素而引起肉质的变化。

由于运输条件所致，有时运输途中畜禽贩子会给畜禽喝不清洁的水，这也会造成畜禽产品的污染。在畜禽的流通运输环节，只要其中有畜禽患病，就会由于互相传染而使生病的畜禽增加，这又会影响到畜产品的质量安全。

## 五、多数屠宰加工企业未能实现质量安全可追溯

质量安全可追溯是保障和实现畜产品质量安全的重要手段。但就我国屠宰行业整体来说，屠宰加工企业实施质量安全可追溯体系还存在以下几点难处：第一，小型畜禽屠宰加工企业由于受到资金

和技术的限制，建设可追溯体系的执行力度往往不够。而大型畜禽屠宰加工企业或者是上市公司，一般都会对畜禽屠宰加工过程中的各个环节予以记录，因而通过与其屠宰加工工序的结合，能较好地实现畜禽产品的可追溯。当大型畜禽屠宰加工企业的产品出现质量安全问题时，一般能够追查到问题的源头。但是小型畜禽加工企业的实力有限，基于生存的压力，也为了节省成本，其实施可追溯体系建设的力度往往不够。第二，畜禽屠宰加工企业实施产品可追溯体系的积极性不高。由于畜禽屠宰加工企业实施可追溯体系需要购置大量的设备，并花费巨大的费用，而其产品由于实现了可追溯而获得的销售溢价却十分有限，因此由于畜禽屠宰加工企业实施产品可追溯体系目前几乎无利可图，所以其实施可追溯体系的积极性就比较低。

鉴于畜禽屠宰加工环节是保障畜产品实现质量安全的关键环节之一，因此各级政府机构应该推出资金扶持政策，鼓励畜禽屠宰加工企业实施和完善畜禽屠宰加工可追溯体系建设工作，并适度补贴其实施可追溯体系的运营费用，以促进畜禽屠宰加工企业更好的管控畜产品的质量安全，以提高我国市场畜产品质量安全的保障程度。

# 第三节　屠宰环节畜产品质量安全控制

屠宰环节畜产品质量安全控制，主要是强化对畜禽定点屠宰场尤其是以代宰为主要的定点屠宰场的日常监管工作，以督促其严格执行入厂检查验收、屠宰操作规程、肉品品质检验、无害化处理等规章制度。同时还要强化活畜禽进厂、肉品出厂、品质检验、废弃物无害化处理等台账管理措施，并督促和引导畜禽屠宰加工企业努力建设产品可追溯体系。

## 一、畜禽收购环节要加强产地检疫，以保证入场活畜禽健康

畜禽收购，是指畜禽屠宰加工企业从养猪场（户）或中间商手

中收购出栏畜禽以备屠宰的过程。它是畜禽从饲养环节进入屠宰加工环节的第一道质量关口。畜禽屠宰加工企业要建立进货查验制度，严禁购入、加工和销售未按规定进行检验检疫或者检验检疫不合格的畜禽产品。严格畜禽收购过程管理，既能选购到符合质量标准的畜禽，也能为畜禽屠宰加工环节提供优质的原料。如果在这一环节把控严格，就能及时发现问题畜禽，并在剔除问题畜禽的同时，及时通知养殖者采取措施以改善养殖场（户）的生产环境或饲养管理，促进畜禽养殖健康，以避免问题畜禽的再次出现。

为此，对所购入的活畜禽，屠宰加工企业应首先进行群体观察和个体观察，以发现并排除明显的可疑病畜禽；再检查有无免疫证、产地检疫证（《非疫区证明》《动物产地检疫合格证明》），并确认这些证明是否有效；若从外地购买活畜禽，还要检查是否具有出县境检疫证（《出县境动物检疫合格证明》）、车辆消毒证（《动物及动物产品运载工具消毒证明》），并确认证物是否相符。

要加强产地检疫，以确保向外供给健康的活畜禽。只有供给健康的活畜禽，才能进一步保证畜禽产品的质量安全。产地检疫可以有效防止带病畜禽的出售，并把有毒有害及染疫或疑似染疫的畜禽控制在最小范围之内，为防止其向外扩散，还应根据其性质进行相应的科学处理。务必要防止感染疫病活畜禽的传播和扩散，必须做到禁止转运、防止出售，决不能让其进入屠宰加工企业。对畜禽实行产地检疫时，要严格按照有关规定执行，还要调查了解当地的饲养情况、使用兽药情况以及疫情流行情况，一旦发现可疑个体就要及时进行处理，以确保产地检疫合格后的活畜禽方可离开产地，允许其出售或运输。

## 二、畜禽运输环节质量控制

畜禽运输是指屠宰加工企业或中间商将出栏畜禽从养殖场运至屠宰加工企业以备屠宰的运输过程，是畜禽从饲养环节进入屠宰加工环节的第二道关口。合乎质量安全要求的、严格遵守规章制度的畜禽运输过程，能够减少畜禽的应激反应，减少运输对畜产品品质的不良影响。为此，在畜禽运输环节，需要使用检疫合格的运输车辆，并配备适合的精饲料、饲喂饮水设施及粪尿排除设施，要保持合适的装载密度，以保证装运期间车内的通风，并应选择路况较好、水源便利、距离最近的运输路程安排，选择最合理的运输时间和运输方法。一定要尽量减少活畜禽的长途运输，最大限度的降低动物疫病传播的风险。

## 三、按规定休整待宰，做好宰前检疫

对待宰杀畜禽的检查程序是：卸载后进行畜禽群体检查，按照国家规定的方法对其中的疑似病畜禽进行个体检查，若发现病畜禽后应将其及时转送到病畜禽隔离圈。对经入场检验合格的健康畜禽，应将其置入饲养圈继续对畜禽做一次群体检查，进一步挑出可疑病畜禽后，再将健康畜禽转入待宰圈，开始停食、饮水、继续观察，当确实证明圈内畜禽均健康无病时，再由兽医检查人员签发"送宰合格证"，然后才能进入屠宰间。

对待宰畜禽的检查内容主要包括：看待宰畜禽耳标是否完好，体内是否有外来物，送宰时是否受到机械伤害，畜禽的体温、卫生、精神状况是否正常，农药等有害物质残留是否超标等。为改善畜禽肉类品质，屠宰加工企业应善待活畜禽，包括配置休闲场所以便让外地运输而来的畜禽消除旅途疲劳，尽快适应新的环境；要采用先进的屠宰设备和屠宰工艺，比如温水淋浴、音乐播放、电击致晕、快速放血等动物福利措施。

宰前检疫十分重要，通过宰前检疫可以初步确定畜禽的健康状况，尤其是对于那些产地检疫时处于潜伏期和症状不明显的畜禽，以及宰后检验难以发现的病畜禽。要做到及早发现病畜禽，并及时将其做剔出处理，以达到病畜禽和健康畜禽的尽早分离，防止由于病畜禽混入而带来的肉品污染。畜禽屠宰企业要对其屠宰、销售的畜禽产品质量安全负责，要建立畜禽进场检查登记制度，对进场屠宰的畜禽进行索证、临床健康检查和规范的登记，要严格把好宰前检疫关口。

## 四、畜禽屠宰加工企业要有严格的消毒制度

通向待宰圈通道要设消毒池，待宰圈要每天消毒 1 次，每日清理出的粪便要在指定地点进行无害化处理。病畜禽隔离圈在观察期间要每 12 小时消毒一次，可用 5％的氢氧化钠热溶液或过氧乙酸喷洒。病害肉品无害化处理车间每进行一批次处理之后，要对场地、工具等设备进行一次清洗消毒。屠宰车间进出口处要设有消毒槽，消毒液必须定期更换。每日屠宰结束后，要对车间、场地、用具（包括畜禽检疫用具）进行清洗消毒，器械要用 0.2％过氧乙酸溶液浸泡消毒。运输动物及动物产品的车辆、包装物等，要在装前卸后要进行消毒。

## 五、依法加强屠宰过程中的同步检疫

以生猪为例，根据农业部《生猪屠宰检疫规程》的规定，生猪屠宰同步检疫是与生猪屠宰操作相对应的，应对同一头猪的头、蹄、内脏、胴体等统一编号进行检疫。为确保出厂动物产品的质量安全，在一些大型屠宰加工企业中，都有自己的品质管理部门或品质控制部门，负责监督管理企业内部畜禽及其产品的质量。

但是，有的畜禽屠宰企业主要由这类部门负责宰后检验，而驻厂动物检疫人员只是负责畜禽入场前的监管，在此情况下就很难确保动物产品的质量安全。新修订的《动物防疫法》明确规定，动物及动物产品检疫要由动物卫生监督执法人员（也就是指官方兽医）来执行和操作，并出具检疫合格证明，同时动物卫生监督执法人员应对检疫结果负责。因此，必须要改变这种由厂家自己出人为自己的产品进行检疫的状况，要严格按照《动物防疫法》的要求，由动物卫生监督所的官方兽医来依法进行检疫。

## 六、加强宰后检疫

宰后检疫是宰前检疫的继续，可以进一步检出宰前检疫难以发现和容易漏检的病畜禽，比如处于潜伏期、早期病变、临床症状不明显的病畜禽。通过宰后检疫可以对畜禽的胴体及内脏是否有病及是否具有可食性做出明确的鉴定。宰后检疫能及时检出宰杀后的病畜禽，并有利于对病畜禽的胴体及内脏做出及时的无害化处理，从而保证出厂肉品的卫生质量安全，并防止动物疫病的扩散。

宰后检疫要严格遵守农业部《畜禽屠宰检疫规程》规定的程序和方法，依次检验相应的淋巴结、脏器、肌肉及皮肤等。要做到宰后同步检疫，对同一畜禽的产品进行编号，对照检查，及时追查全部病畜禽产品。对检出的病害产品要进行严格的处理，务必要与合格的畜禽产品分开处理，以防止二次污染的发生。

## 七、严格执行无害化处理措施

对检疫发现的不合格畜禽及宰后检疫检出的病害产品，务必要及时进行无害化处理。要建立严格的监督管理机制，落实专人专管，畜禽屠宰加工企业必须建立详细的病害产品处理记录，避免病害产品流入市场，并防止畜禽病原的扩散。驻厂动物检疫人员要严格检查病害产品数量，防止病害产品的流失，并严格监督厂方对其进行无害化处理，要实现对于病畜禽和病害产品无害化处理干净彻底，决不能存有任何遗漏与疏失。

严格执行病死畜禽无害化处理制度，主要是在屠宰环节把好"三关"，建好"四账"，发现问题及时处理，并及时按照国家政策发放病死畜禽处理补贴，只有对病死畜禽的处理补贴发放到位，才能有效的避免病死畜禽违规流入市场，才能有效促进畜产品质量安全的监管。"三关"即畜禽进场关（坚持鉴别畜禽来源，标注耳标，以便于追踪问题来源）、肉品质量检验关（凡发现有各种病症的畜禽肉品，一律登记在案）、畜禽产品出厂关（对记录在案的各种问题肉品和畜禽分类处理，不允许其流入市场），对病死畜禽和病害肉品坚持无害化处理。"四账"即畜禽进场台账、畜禽出场台账、肉品品质检验台账、无害化处理登记台账。

## 八、要加强对定点屠宰场肉品品质检验的监督检查

加强对定点畜禽屠宰企业肉品品质检验的监督检查，重点要检查是否具备基本的肉品品质检验设备和检验人员，是否按照检验程序进行操作，是否按要求对不合格肉品进行无害化处理，是否存在违规使用检验证章的情形。对出厂未经品质检验或经品质检验不合格的肉品的企业，应依法予以严处。

同时，有关部门还应加强对于"私屠滥宰"的整治，一旦发现"私屠滥宰"、冒用或使用伪造定点屠宰证书、标志牌和品质检验印章的，要严格依法予以取缔，没收其畜禽、畜禽产品、屠宰工具和设备以及违法所得。对一些疑似畜禽注水和宰杀注水的屠宰场要派员驻场监督、蹲点守候；对于发现定点屠宰场对畜禽注水或注入其他物质的，要立即责令其停业整顿，对于情节严重的，还要报请政府相关部门建议取消其定点屠宰的资格。

## 第四节　保障屠宰环节畜产品食用安全的政策建议

### 一、完善法规标准，建立长效监管机制

要加快推进法律法规制订（修订）工作，完善国家标准和畜牧行业标准，建立执法程序、责任追究等方面的具体制度规定。要积极探索建立畜禽养殖、畜禽屠宰加工、畜禽产品流通和畜禽产品消费全过程的监督管理机制，要从源头上保障畜禽产品的质量安全。农业部门应加强对畜禽屠宰加工企业的监管，确保经畜禽屠宰场加

工企业出厂上市的肉品的质量安全。各相关执法部门也要明确各自的职责，做到相互配合，以加大对于畜禽肉品质量安全问题的执法力度，从严查处各类有关畜禽肉品质量安全的违法行为，以净化畜产品市场，并提升广大消费者对于畜产品质量安全的信心。

## 二、严格屠宰加工认证制度，规范和监管屠宰过程质量控制

要严格执行畜禽屠宰加工企业的资质认证制度，逐步规范畜禽屠宰加工企业的从业资格，推广和完善定点屠宰制度，建立起不达标畜禽屠宰加工企业退出机制，逐步形成以屠宰加工企业为中心的动物性食品产加销体系。要严格执行畜禽屠宰加工企业的选址规定，畜禽屠宰加工企业厂址选择应做到远离居民住宅区、远离城市水源和远离畜牧场，还要避开产生污染源的地区或场所。畜禽屠宰加工企业的厂区布局和工艺流程设计要科学合理，要便于保持屠宰器具的清洁卫生，便于保持屠宰过程中免受微生物污染。畜禽屠宰加工企业要严格执行宰前检疫和管理，实行充分的宰前淋浴或冲洗，以保证活畜禽宰前卫生。

建议对畜禽类食品生产企业采取如下监管措施：第一，畜禽类食品生产企业需与政府签订畜禽类食品质量安全责任书；第二，质量技术监督局要与畜禽类食品生产企业签订畜禽类食品质量安全承诺书；第三，落实畜禽类食品的区域监管责任制；第四，加强对已获证畜禽类食品生产企业的监督管理；第五，推进畜禽类食品生产企业加装视频监管系统，以便于实施电子监管；第六，要加强对从事畜禽类食品生产加工小作坊的监督管理。

## 三、统筹行业规划，控制小规模定点屠宰点的数量

未来要进一步淘汰落后的畜禽屠宰加工机构及过剩的产能，

优化畜禽屠宰加工行业的结构，逐步提升畜禽屠宰加工行业的整体技术水平和经营能力。要鼓励和支持先进的畜禽屠宰加工企业以多种方式实现兼并重组，并加对于大城市及其周边地区定点畜禽屠宰加工企业的整合力度，撤并一部分定点畜禽屠宰加工厂（场）和小型畜禽屠宰加工点，并引导其逐步融入大型畜禽屠宰加工企业（或公司）。同时，还要引导大型畜禽屠宰加工企业发展涵盖生产、加工、配送和销售等业务的一体化经营模式，以推进我国畜禽产业链的一体化进程，促进畜禽产业适当提高其行业集中度。

对于那些主要以代宰畜禽为经营形式的定点畜禽屠宰加工机构，要制定专门的国家标准，约束执行畜禽代宰服务机构的行为。政府的审批部门应该根据当地的交通运输条件、物流能力、鲜肉配送半径和畜禽收购半径，合理规划定点畜禽屠宰加工企业的数量、位置和规模，引导形成以跨区域流通的大中型现代化畜禽屠宰加工企业为主导，以面向本地市场的小型畜禽屠宰加工厂（场）为补充，梯次配置、有序流通的畜禽屠宰加工产业布局，以避免局部地区因产能过剩而形成恶性竞争，也要避免由于运输距离过长而造成的资源浪费和避免在大范围内运输而引发的疫病传播。

未来还要进一步取缔不符合畜禽屠宰加工国家标准的非正规畜禽屠宰加工机构。此外，还应在重新严格审核的基础上，关闭那些不符合畜禽定点屠宰加工条件的畜禽屠宰机构，以淘汰一部分落后的产能。政府机构还应制定出按地县级、省市级设置的现存手工畜禽屠宰操作和半机械化畜禽屠宰操作生产线的淘汰比率，分阶段、分步骤的推进，以促进我国畜禽屠宰加工产业生产条件的进一步优化。只有畜禽屠宰加工产业的生产条件进一步优化，才能更好地解决我国畜禽屠宰环节的畜产品质量安全控制问题，才能促进畜禽屠宰环节实现清洁生产，才能减少屠宰加工环节带来的环境污染，才能尽可能减少由于畜禽屠宰加工而带来的疫病传播隐患。

## 四、加大政策支持，解决屠宰加工企业质量安全水平和经营效益的矛盾

政府应在定点畜禽屠宰加工企业撤并之前，优先扶持各地区冷链物流设施和能力建设，积极创造政策措施落实的有利条件。要加大政策支持的力度，引导畜禽屠宰加工企业有意愿在屠宰加工、肉品品质检验、冷链设施、综合利用、无害化处理和污水处理等方面进行升级改造。

要鼓励技术先进、管理水平高的大型畜禽屠宰加工类龙头企业依托自身的优势（产品质量优势、品牌优势和规模优势），加快产品结构调整，大力发展肉品深加工和畜禽副产品综合利用，开发科技含量高、附加值高的优质产品，在全国或较大的区域内配置各类资源，开展养殖、屠宰、加工、配送、销售一体化经营。当大型畜禽屠宰加工类龙头企业逐步实现了一体化经营、品牌化运作，畜产品市场就会出现细分化趋势，消费者也会逐步习惯于将原本认为没有多少区别的生鲜肉类产品看的与其他品牌消费品一样，愿意为质量安全保障程度更高的品牌生鲜畜产品付出更高的价格。这样，畜禽屠宰加工类企业为更好的保障质量安全所增加的投入、建立可追溯体系及维持其运行所付出的成本，也就可以在其品牌生鲜畜产品的价格中得到补偿（即实现生鲜畜产品消费的优质优价）。

## 五、要在屠宰加工企业大力推广 HACCP 等企业规范

政府要鼓励有条件的畜禽屠宰加工企业实施 HACCP、GMP（良好作业规范）、ISO 制度等，并逐步使 HACCP、GMP（良好作业规范）、ISO 制度等在畜禽屠宰加工企业得到普及。这些制度的实施，有助于畜禽屠宰加工企业从原料开始就对生产环节进行监控，并由有利于保证不符合标准的产品不出厂。

有条件的畜禽屠宰加工企业可以将多种规范整合运用，比如以 ISO 质量管理体系作为基本平台，以 GMP 规范作为保障质量安全

的保证，并通过 HACCP 体系进行监控和纠正，从而更好的保障畜产品质量安全。HACCP 体系是建立在良好操作规范（GMP）和卫生标准操作规范（SSOP）之上的食品安全准则，能科学分析畜禽屠宰加工过程中各个环节可能存在的生物的、化学的和物理的危害，并确定关键控制点，制定出相应的监控、纠偏和验证措施，使畜禽屠宰加工过程中显著的危害因素降低或消除，尤其是对于屠宰畜禽的药物残留和"疫病"危害因素有很好的管控作用，能保证畜产品在原料验收、屠宰、分割、冷冻、储存和运输的所有环节落实质量安全管控措施，使出厂的畜禽产品有更好的质量安全保障。

## 六、完善加工企业的质量可追溯体系，建立畜产品质量安全信息网络服务平台

目前，我国畜禽屠宰加工企业质量安全可追溯体系建设仍然是在政府主导下开展的，还没有强制要求所有畜禽屠宰加工企业在生产经营活动中执行质量安全可追溯体系。伴随着先进的信息技术和检测手段被广泛应用于畜产品质量安全可追溯体系中，追溯的精度和效率都有所提高。但从细节上看，畜禽屠宰加工企业所建设的质量安全可追溯体系仍然较为粗放，一些关键质量安全信息目前还无法得到揭示和实现有效共享，未来仍需采取相应的政策措施来推进可追溯信息的进一步完善。

第一，要通过制定科学合理的畜禽屠宰加工产业发展政策，来引导有关扶植资金和技术发展的走向。第二，要扶持一批规模大、管理水平高、技术设备先进的畜禽屠宰加工企业，通过实施较高水平的质量安全可追溯体系来保证其自身产品的质量安全，要充分发挥质量安全可追溯体系实施的规模经济性。第三，是要建立起畜产品质量安全信息系统平台，及时向畜产品生产、加工、经营和使用者提供有关畜产品质量、安全、标准、品牌、市场等方面的信息。第四，是要建立起健全的畜产品质量安全社会信用体系，要运用信

息技术建立起规模畜禽养殖场、畜禽屠宰加工企业、畜产品批发市场和畜产品零售市场的信用档案，以督促和监督畜产品经营机构主动采取措施来保障畜产品的质量安全情。

# 第八章

## 零售环节畜产品食用安全保障对策

## 第一节　零售环节畜产品食用安全现状

　　流通环节的监控是把好畜产品质量安全的最后一关，这对于保证畜产品质量安全十分重要。在流通环节，食用畜产品的质量安全隐患主要是保鲜剂、储藏剂的滥用，以及储藏运输过程中由于环境和温度控制不到位、储运时间过长而产生生物毒素的问题。

### 一、我国畜产品流通与销售体系现状

　　目前我国食用畜产品的销售终端依然是以农贸市场为主，超级市场和食用畜产品专卖店为辅。经历了几十年的改革，我国食用畜产品的流通和销售市场体系也在不断发展、日趋完善，目前已形成以批发市场、露天市场、农贸市场、超级市场、专卖店为基本框架的流通和销售市场体系。

　　以农贸市场为代表的传统食用畜产品销售方式，依然是我国生鲜畜产品的主要流通渠道。目前，全国城乡农副产品集贸市场约有2.5万个，农产品批发市场共有4 469家，其中年交易额亿元以上的农产品综合批发市场有1 790家、农产品专业性批发市场有1 101家，这两类成规模的农产品批发市场占农产品批发市场总数的64.7%。大多数农产品批发市场都从事畜产品的批发、流通、销售业务。

近年来，以连锁经营、代理配送以及产销一体化为特征的超级市场、畜产品专卖店等新型流通方式已经呈现出较快的发展势头，其规模化程度和规范化水平也在不断提高。但是，从其所占市场的比例来说，通过超级市场和畜产品专卖店流通和销售的生鲜畜产品数量仍然非常有限，而且主要集中于城市地区和中高档生鲜畜产品市场。但是，由于超级市场和畜产品专卖店出售的生鲜畜产品质量安全有保障，因而其所占市场份额处在不断提升之中。目前，从全国来看我国畜产品流通和销售的主要从业者（进行畜产品批发与零售的人员）是农副产品集贸市场的农户和个体经营户，而企业和其他经济组织所占的市场份额还是较小。

## 二、销售环节畜产品质量安全水平有所提高，但仍存在突出问题

近年来，各地工商执法部门都进行定期市场检查，同时，畜产品消费者的质量安全消费意识也得到了较大提高，生鲜畜产品销售行为也越来越规范化，销售过期变质生鲜畜产品、病死宰杀畜产品、以次充好畜产品的现象得到了较好的控制。

但是，由于我国畜产品的消费大都是通过农贸市场来进行的，交易主体的随意性还是为销售质量不安全的生鲜畜产品提供了可乘之机。在销售环节主要存在的突出问题是：

（1）在畜产品运输、储存和销售过程中，容易被致病性微生物污染。在屠宰加工后贮藏和运输畜产品过程中，若是运输车辆及销售场所不清洁，或未经彻底清洗和消毒，就会污染到生鲜畜产品。在畜产品运输或销售过程中，若包装破损，生鲜畜产品就会受到尘土和空气中的微生物和化学物质的污染。运输环节冷藏或冷冻设施不达标，肉类产品也会因温度过高或运输时间过长而产生肉质腐败。

（2）不法畜产品经营者使用化工制剂处理鲜活畜产品，过量使用保鲜剂、储藏剂。过量使用保鲜剂、储藏剂会对食用畜产品的质

量安全产生严重影响，违规使用化工制剂处理鲜活畜产品其影响就更加严重。这些现象如果得不到及时发现和处理，势必会造成生鲜畜产品质量安全上的极大问题，并极大地危害到消费者的身体健康和我国畜产品市场的稳定。

（3）黑作坊无证经营，以次充好。那些加工病死畜禽、未检疫动物产品的"黑作坊"，以及那些经营、储藏非法动物产品和未经检疫动物及产品的"黑市场"，还有那些加工未经检疫动物产品和私屠滥宰的"黑窝点"等，其数量不多但社会危害极大。而且其经营往往会造成严重的畜产品质量安全事件，不利于市场稳定和社会稳定，各级政府必须严格监督检查，并将其予以取缔，以维护正常的市场秩序，保障人民群众的消费安全和身心健康。

## 三、批发市场和农贸市场的食品安全管理问题较为严重

批发市场和农贸市场的食品安全管理问题主要表现在以下几个方面。

第一，畜产品来源不明，无法从源头上保证畜产品的质量安全。据相关调研显示：市区农贸市场、批发市场的生鲜畜产品主要来自规模较小的畜禽屠宰加工厂，有动物检疫和肉品品质检验证章，但普遍填写的内容过于简单，不能做到一畜一票（禽产品一批一票），检疫戳记模糊不清，也没有建立其检疫、检验票证的公示制度。在城乡结合部的农贸市场所销售的畜产品问题更多，有的检疫、检验戳记难以辨认，还有相当一部分生鲜畜产品干脆就没有检疫、检验票证，经营业主也无法确定其准确的来源。

第二，缺少必要的冷藏、冷冻设施，无法在流通过程中保证生鲜畜产品的质量安全。我国的农贸市场、批发市场一般都是设施简单、条件简陋，除了少数大城市农贸市场、批发市场配有相关冷冻、冷藏设施外，其余的农贸市场、批发市场基本上以经营热鲜肉为主，既无法有效控制肉品的温度，也无法进行溯源的控制，因而

食品质量安全隐患较多。

第三，农贸市场、批发市场多以个体经营者为主，其经营者质量安全意识淡薄，当地的市场管理也不够规范。个体经营者往往数量多而结构分散，对其实施有效的监管确有一定的难度。

第四，政府监管不力。由于缺乏专业技术人员和检验检测设备，许多政府监管部门对生鲜畜产品质量安全的监管还仅仅停留在索取"两证"（即检疫合格证和检验合格证）的审查层面上，而缺乏对生鲜畜产品质量安全的实质检测，更无法准确测定诸如"瘦肉精"、抗生素、重金属残留、农药残留等有害物质的含量，因而难以从根本上杜绝病害畜产品和劣质肉品的出现。

## 四、超级市场和畜产品专卖店的质量安全管理相对较好，但也存在一些问题

与农贸市场、批发市场相比，超级市场和畜产品专卖店的质量安全管理则改善了很多。我国近年来大力推进生鲜畜产品冷链物流建设，工业和信息化部发布的《肉类工业"十二五"发展规划》提出，到2015年肉类冷链流通率要提高到30%以上，冷藏运输率要提高到50%左右，要使流通环节生鲜肉品腐损率降低至8%以下。

目前，我国大型超市基本上都建立起了自己的冷链物流系统。冷链物流系统可大大提高生鲜肉品的保存质量和运输水平，能有效地改善其质量安全状况。由于超级市场和畜产品专卖店普遍实行规范的市场采购、检验认证、包装标识管理，因而其经营的肉品具有一定的可追溯性，而且在市场准入、产销运输许可等方面也建立起了较为完善的管理制度。超级市场和畜产品专卖店一般被认为是我国生鲜畜产品零售环节中食品质量安全状况最好的渠道。目前，我国绝大多数超级市场和畜产品专卖店已经建立起了较为完善的食品质量安全保障体系，在食品安全理念和管控技术手段上都要领先于其他类型的渠道。因此，超级市场和畜产品专卖店已经逐渐成为大、中城市消费者购买生鲜畜产品的主要渠道。

但是，超级市场和畜产品专卖店在生鲜畜产品质量安全管理方面也存在着以下问题。一是部分生鲜畜产品质量安全法规得不到有效执行；二是与直营连锁店相比，加盟连锁店的畜产品质量安全管理就显得不够规范；三是部分超级市场和畜产品专卖店现场加工的原料控制存在一定的隐患，一些连锁超市使用即将超过保质期的生鲜畜产品或胴体分割后剩余的"边角废料"，加工制作成成品出售；四是由于生鲜畜产品供应商在产业链中具有更多的话语权，因而即使供应商向门店配送的生鲜畜产品存在质量安全缺陷，零售商通常也无法要求供应商将产品退回或更换，这就埋下了畜产品质量安全的隐患。

# 第二节　零售环节畜产品食用安全隐患

零售环节包括从屠宰加工企业运输到批发市场和零售终端的过程，包括运输环节、储存环节、批发环节、零售环节。在这个过程中所产生的化学的、生物的、物理的有害物质都会影响到生鲜畜产品的质量安全。

## 一、畜产品运输、储藏中的二次交叉污染

食用畜产品流通对温度、湿度、储藏方式等都有相对较高的要求，而目前我国的畜产品运输条件相对落后，这就决定了在流通环节有可能出现微生物、化学物等污染现象。其中生物毒素是食用畜产品的三大危害因素之一，它是指动植物和微生物中存在的某种对其他生物物种有毒害作用、非营养性的天然物质成分，或因储藏方法不当，在一定条件下产生的某种有毒成分。生物毒素会通过作为饲料的畜牧业原料进入动物体内，从而影响到动物的健康，而人类也会因为食用了这类畜产品而受到生物毒素的威胁。

在运输过程中，常常由于设备落后或违反操作要求而造成畜产品的污染。一是畜产品在运输过程中，如运输车辆不清洁，或在使

用前未经彻底清洗和消毒而连续使用，就会严重污染新鲜食品，或在运输途中包装材料或包装容器破损受到尘土和空气中微生物、化学的污染。二是由于缺乏冷藏设备导致畜产品变质。如果温湿度控制不好，就会引起微生物的大量繁殖，结果导致肉品变质。贮藏室环境不清洁也会影响肉食品的安全卫生，比如贮藏室有老鼠、苍蝇等，就会将外界的微生物带入肉品中，结果造成传染病的传播。三是畜产品品种复杂、易腐败变质、难以保存，因此，要对其进行保鲜就很难。另外，由于这些畜产品的生产企业比较分散，主要分布在广大的城郊及农村地区，而消费市场则主要集中在城区，因此流通渠道较长、运输的路线较远、参与流通的人员也较为复杂，这就更容易造成交叉污染，也导致了流通环节中会出现畜产品的质量安全问题。

## 二、在运输储藏中违禁保鲜剂、储藏剂的使用

畜产品，特别是经自然、人工养殖形成的鲜活畜产品，其本身具有品种复杂、易腐败变质、保鲜困难的自然属性，又容易被某种致病性微生物污染。这些致病微生物在适宜的条件下大量生长和繁殖并产生大量的毒素，当人们食用了含有大量活菌或毒素的生鲜畜产品时，便会引起细菌性的消化道感染或毒素被吸收到人体内而造成急性中毒。

我国食用畜产品以鲜活产品为主，而且多为异地销售。为确保食用畜产品的色、香、味、品质和口感，在流通过程中必须适当采取一些保鲜、防腐措施。但符合国家标准的保鲜剂、储藏剂通常价格相对较高。与之相比，一些违禁化学剂的成本则较低。因此，在经济利益的驱动下，许多不良商贩在运输途中大量使用有毒有害的化学制剂充当保鲜剂、防腐剂，这不仅破坏了畜产品原有的品质，甚至会导致畜产品产生一些对环境、人体有害的物质。比如利用工业烧碱、双氧水制发的黄喉、毛肚、牛百叶等肉类制品，就会产生严重的食用安全问题，并严重威胁消费者的健康和生命安全。虽然

我国食品安全标准中对保鲜剂、储藏剂的使用已有明文规定，但由于我国在农贸市场和农产品批发市场从事生鲜畜产品经营的人文化水平大多较低，其质量安全意识更是淡薄，因此对保鲜剂、储藏剂的使用往往存在许多不科学之处，这些都可能带来极大的食品安全隐患。过量使用保鲜剂、储藏剂或是违规使用其他工业原料保鲜都会对食用畜产品的质量安全产生不良影响，从而危害到消费者的健康。

## 三、某些畜产品销售经营主体采取的违法经营行为

我国生鲜畜产品除去批发环节以外，主要是通过零售渠道进入到消费者手中。主要的零售渠道有各类超级市场、农贸市场、副食品商店、熟食店等。这些销售渠道也都存在不同程度的质量安全问题。

超级市场一般被认为是食品质量安全度最高的地方，但是其食品质量安全的隐患也不能全部排除。比如，为了追求使经营利益最大化，一些超级市场会随意更改生鲜畜产品的保质期，使新鲜畜产品与过期畜产品混同，试图蒙混过关、以次充好。这些情况无论是在外资经营的超级市场还是在内资经营的超级市场都存在。

我国对农贸市场生鲜畜产品的监管力度虽然较大，也出台了有关食品质量安全的监管制度，但是由于缺乏足够的食品质量安全检测手段及检测设备，这也使得农贸市场的生鲜畜产品监管存在着空白地带。

此外，大量的地摊经营以及一些非法加工的劣质畜产品也会通过各种渠道进入消费者口中。第一类是制售假冒肉及肉制品，他们以未经检验检疫的"白板肉"冒充检验检疫合格的肉品、以劣质低价肉冒充正常生鲜肉来出售，比如以马肉、驴肉、老鼠肉等冒充牛肉、羊肉来出售。第二类是销售过期冷冻肉品或肉制品，他们用过期的或未按条件保存且已腐败变质的肉及肉制品通过改换包装、"二次返包"等方式冒充合格肉品来出售。第三类是销售有毒有害

肉品，比如用病死的畜禽肉做成熟食出售，在畜禽及其肉制品销售过程中违法注入水或其他物质后再销售，这些都会造成畜产品的质量安全问题。

## 四、畜产品销售终端市场主体结构不利于保障质量安全

我国的农产品批发市场虽然数量庞大，但每个批发市场的畜产品平均交易规模都比较小，而且经营生鲜畜产品的设施档次不高，功能也不够完善。目前，多数农产品批发市场都从事畜禽产品的批发、流通、销售业务。农产品批发市场是我国生鲜畜产品集散和流通的主要渠道，但是大多数农产品批发市场的生鲜畜产品设施配套建设比较落后，有些还仅仅是停留在出租铺面的简单物业管理模式上。农产品批发市场在生鲜畜产品价格形成、质量安全管控、信息服务、物流服务、检验检测等功能方面还力量薄弱，尤其是在畜产品质量安全保障方面还存在着严重的缺陷。

目前，我国畜产品流通和销售的主体主要是小农户和在农产品批发市场进行畜产品批发与零售的个体商户，其数量多、规模小、经营分散。个体商户对畜产品质量安全的意识也不强，其保障畜产品质量安全的条件和能力也相对不足。再由于畜产品流通和销售环节主体的组织化程度普遍较低，合作经济组织和农业一体化经营企业发展缓慢，他们既无法在畜产品的流通和销售中形成主导地位，也无法发挥出其应有的保障畜产品质量安全的主导作用。

## 五、我国畜产品流通模式落后，不利于保障质量安全

目前，我国的畜产品流通形式仍然较为落后。从全国来看，畜产品还是以常温物流或自然物流为主，冷链物流的比重依然很低；食品质量安全的追溯制度建设正处于建设的起步阶段；行业的质量安全管控和行政监管都难以广泛推行；畜产品初级市场的批发销售

信息化水平较低，市场信息不对称。

这些问题都导致我国食用畜产品流通领域的质量安全问题会表现的越来越严重。畜产品流通形式的落后，在一定程度上增加了生物毒素产生的概率与数量，而生物毒素对畜产品的污染是非常严重且不可逆转的。为了降低在流通环节中畜产品的损耗量，以保持畜产品的质量和新鲜度，人们往往会选择在畜产品流通中喷洒保鲜剂和使用储藏剂。由此就会在一定程度上影响到畜产品本身的质量，也为由于不规范使用保鲜剂和储藏剂而带来食品质量安全问题埋下了隐患。

# 第三节　零售环节畜产品食用安全控制

## 一、加强对畜产品的储运环节监管

第一是要对畜禽贩运商的运输状况进行监控。要严格查处非冷藏车运输肉品及未经消毒、载重过量畜禽的运输行为，要检查动物健康状况和肉品的质量，严格执行动物运输检验检疫制度，对外地畜禽更要进行严格的检疫，以防止引发及传播疫情或是使有问题的畜禽产品流入零售市场。

第二是依法严厉查处销售非法屠宰肉品、未经检疫（验）或检疫（验）不合格肉品和冷冻冷藏经营者储藏非法屠宰肉品、无合法检疫（验）证明肉品的违法行为。

第三是要严格执行肉品及肉制品的市场准入管理制度，确保上市销售的肉品来路明、质量清。要督促肉品及肉制品经营者落实进货查验等制度，重点检查上市生鲜畜产品的定点屠宰证、检验检疫合格证等肉品质量证明材料，并督促各类市场开办者（主体经营者）落实质量安全经营管理责任制。

第四是要指导督促冷冻冷藏经营者建立健全经营记录台账制度和入库出库查验制度，严密防范和堵截病死肉品及未经检验检疫肉品入库出库。对企业自有冷库冷藏设施，要指导其健全质量安全管理，不得为他人寄存无合法手续的肉品。

## 二、加强对肉品和畜禽贩运商等经营主体的监管

要对畜禽贩运商的畜禽健康状况和运输状况进行严格监控，这是保障畜产品质量安全的必要举措。要严格查处非冷藏车运输肉品以及未经消毒、载重过量畜禽的运送行为，要严格执行动物运输检验检疫制度，对跨行政区域运输畜禽更要进行严格检疫，以防止疫情跨区域传播。

要加大对于畜产品市场经营环节的执法力度，而不能把罚款作为唯一的管理手段，这样会导致"营私舞弊、以权谋私"，要从最根本的管理制度和监管手段上投入和创新，要实现各类信息的公开和透明。对农贸市场、农产品批发市场、城乡结合部的集贸市场要实行重点检查和监管，一旦发现有问题的畜禽产品要及时处置，对经营者要严肃处理，对于严重扰乱市场秩序、发生恶性质量安全事件的经营行为和经营者要坚决取缔其经营资格并进一步追究其法律责任。

## 三、强化监督管理，严把畜禽产品生产经营市场准入关

首先是要严格准入制度，净化畜产品经营市场。未来要将目前实施的畜禽屠宰、肉类批发定点制改革为分级注册认证制，要认真贯彻国家质检总局发布的《食品生产加工企业质量安全监管办法》，严格实施QS市场准入许可证制度，并要求肉类食品加工企业未取得许可证不得从事生产，未经检验合格、未加印（贴）QS标志的肉食品不得销售。

其次是要在市场经营环节中，抓好市场准入关。重点抓好生产者准入、产品准入和供应商准入三个方面。在零售环节，应大力发展有保鲜设施的超级市场销售，要开辟无公害肉食品、绿色肉食

品、有机畜产品专营店或专营柜台，鼓励零售企业以生鲜肉食品的形式销售。

第三是要建立优质优价机制，促使符合畜产品质量安全的生产者或经营者能提高和扩大经营能力，并实现其经营效率的提高和经济效益的提高。要鼓励以先进的零售方式逐步取代落后的零售方式，这有利于保障生鲜畜产品的质量安全。比如，要促进符合保障畜产品质量安全经营条件的经营者来扩大市场份额，鼓励畜产品实行质量分级、优质优价（亦可参照发达国家的做法，按照畜产品的新鲜程度不同来定价，越新鲜价格越高）。在这些举措实施的初期，政府应对严格实施质量控制的经营者直接给予补贴，以鼓励畜产品的生产者和销售者主动参与其中。

## 四、要加大市场环节的执法力度，严格执法

第一是要对冷储场所、农贸市场、超级市场进行了监督检查，着重对各经营环节的动物产品出入台账情况、上市动物产品检疫情况、防疫消毒执行情况等动物防疫条件进行了检查。

第二是重点加强农产品批发市场、农贸集市等畜产品质量安全问题高发地的执法力度，防止有质量安全问题的畜产品从这些地方流入市场。要加大对农贸市场、超级市场等上市动物产品质量安全的监督检查，严格落实肉品公示、购销台账、索证索票、凭证凭章经营等规章制度，做好查证验物工作，严禁未经检疫或检疫不合格的动物及动物产品入市销售。还要严厉打击无产品检疫证明或经营病害肉品的行为，以净化畜产品市场，确保市场经营动物产品持证率100％、合格率100％。

第三是要规范动物检疫证明的使用。要启动动物产品就地分销换证工作，监督屠宰加工、冷贮和大中型超级市场等经销企业，规范其使用分割小包装动物产品检疫标识，依法查处违法违规行为。

第四是要充分发挥政府行政部门的职能，强化行政监督执法，重点治理制假售假、假冒伪劣、使用违法食品添加剂等行为。要从

源头上铲除"私屠滥宰",严禁病害有毒肉、注水肉的流通,要在更大的程度上保障人民群众的食肉安全。

第五是要结合可追溯体系的建设,严格市场主体的准入和退出机制,一旦发现经营者违规经营,就必定要严肃处理,直至取缔其经营资格和追究其法律责任。

## 第四节 保障零售环节畜产品 食用安全的政策建议

### 一、加大设备设施投入,改善流通形式,确保畜产品流通安全

畜产品流通形式的改善,可以在更大程度上保障食用畜产品的新鲜程度和食用安全程度,并同时促进流通过程中保鲜剂、储藏剂的使用量降低。因此,我国政府应加大在这方面的财政支持力度,强化食用畜产品流通过程中各项技术的开发和应用。比如,通过财政资金的支持扶植冷链物流的发展,改变我国食用畜产品流通领域内以常温物流和自然物流为主的局面;支持行业管理部门完善畜产品物流技术标准,保证畜产品流通监测有章可循;支持建立健全畜产品质量安全可追溯体系等。

同时,要在畜产品生产流通的各个领域内推广各种认证制度。比如,在种植养殖领域内的要推广 GAP 认证,在畜产品加工领域要推广 HACCP 认证,在产地和产品质量管理领域内推广无公害畜产品认证、绿色畜产品认证、有机畜产品认证等。

总之,冷链物流是确保流通和销售环节畜产品质量安全的关键性措施。与发达国家相比,我国的冷链物流起步较晚、建设基础薄弱、监督管理粗放,这已经成为肉类等生鲜畜产品产业发展的直接制约因素。因此,未来要尽快制定畜产品冷链物流标准、完善畜产品冷链物流管理体系,并整合各类社会资源、大力发展第三方冷链物流;还要创新冷链物流的管理机制,加强政府的引导并加大资金

扶持力度，以促进我国畜产品冷链物流的健康发展。

## 二、完善畜产品质量安全的全程可追溯体系建设

食品安全可追溯性就是通过记录标志来追溯某个食品实体的历史、包含成分、处理经历、停留位置的能力。这里的"食品实体"可以是初级农产品实体，也可以是加工农产品实体。就食用畜产品而言，可追溯性指的是畜产品生产使用的原料或仔畜禽的来源、畜禽饲喂历史、畜禽生长环境、畜禽运输过程、畜禽流通地点等。

食用畜产品可追溯体系就是在畜产品供应的整个过程中对畜产品的各种相关信息进行记录和存储的质量保障系统，它要求组织从生产源头到消费环节，对畜产品生产、加工、分销、处理过程中的每一个环节和操作的信息，进行详细而准确的记录，当出现畜产品质量安全问题时，通过该体系能够快速有效地查询到出现问题的原料或加工环节，以便必要时进行畜产品召回，对经营者实施有针对性的惩罚措施，由此来提高畜产品的质量安全水平。

未来我国要建立畜产品质量安全可追溯体系，并完善畜产品零售终端的信息平台建设。目前，我国畜产品可追溯体系建设已经取得了初步的发展，许多大中城市的"放心肉工程"可追溯体系已经覆盖到主要的零售试点单位，消费者可通过交易凭证标签上的追溯码查询到肉品的产地、检疫证号码、零售终端等信息。但是，由于个别的规模养殖户、基层防疫员和检验员、畜禽经纪人违规出售畜禽耳标，由此造成了"隔山开证""动物身份证失效"的现象。这就造成了"放心肉工程"的可追溯信息失真，也使畜产品的质量安全管控信息失真。在实施畜产品质量安全可追溯体系过程中，首先必须杜绝失真信息的存在，否则就会使畜产品质量安全可追溯体系建设失去意义。

要通过宣传教育使消费者学会使用可追溯体系获得畜产品相关信息，并以此作为选购畜产品的依据；要说服畜产品产业链各环节的经营者适当的追加成本，落实好畜产品质量安全可追溯体系，并

提供真实可靠的信息来源，要恪守诚信，以保障畜产品产业链的持久发展；各级政府要从保障全社会畜产品消费安全的角度，适当补贴畜产品产业链各环节的经营者在质量安全可追溯体系建设上的投入，以促使畜产品市场的净化，以保障全社会的畜产品消费安全。

要积极听取和吸纳消费者的意见和建议，使畜产品质量安全可追溯体系的终端查询越来越便于民众使用。要建立覆盖主要畜牧企业的畜禽标识管理信息数据库以及养殖管理档案信息库，要强化信息化管理，要从根本上健全畜禽及畜禽产品的质量安全可追溯体系。要建立和健全畜禽养殖者、经营者的诚信档案信息库，要对畜禽养殖者和经营者的违法活动、不良经营行为等情况予以公布，要进一步加强和落实对涉及畜产品质量安全事件的经营者责任制，并加大执法力度和打击力度。对那些"见利忘义、知假造假"的危害消费者身心健康者，必须从严从重绳之以法。

## 三、实行严格的畜产品准入和认证制度

必须严格执行准入制度，净化畜产品经营市场，并通过实施认证制度和准入制度推进畜产品品牌化战略的实施。未来要将目前实施的畜禽屠宰、肉类批发定点制改革为分级注册认证制，贯彻落实国家质检总局发布的《食品生产加工企业质量安全监管办法》，实施 QS 市场准入许可证制度。要设置市场准入门槛，并逐步将条件简陋的低层次畜产品经营者者排除在市场之外，从源头上铲除"私屠滥宰"现象，严禁病害有毒肉、注水肉的流通，从而促进经过严格认证、达到畜产品质量安全标准的经营企业其市场份额和经济效益不断提升。

要推进畜产品品牌化战略进程。畜产品品牌化战略可以改善当前畜产品市场分散、混乱的局面，可以促进畜产品实现市场细分化，有利于满足不同偏好、不同收入水平消费者的区别需求。品牌畜产品经营模式能将消费者对于畜产品质量安全的识别，转化为消费者对于畜产品经营者的信任，当畜产品经营者的品牌具有更高的

质量安全诚信知名度时，消费者就会更多的以其品牌作为选购畜产品的依据，其经营的畜产品也就会有更多的消费者和更大的市场份额。反过来，已经拥有质量安全诚信知名度品牌的经营者，就会珍视已有的知名度，并将保障畜产品质量安全变成企业自身的严格自律行为。只有这样，我国才能建立起一个"经营企业对畜产品质量安全主动承担责任，政府监督监管压力减轻"的新型畜产品质量安全保障机制。

## 四、建立畜产品质量明码和经营者信誉制度

畜产品质量明码是指在食用畜产品包装上标明该产品的原料、辅料各占多少比例，以及其主要营养成分，并申明本产品中不含有任何其他对消费者没有营养作用或有毒有害的物质。

畜产品经营者的信誉制度，是指畜产品加工企业在畜产品包装上承诺，本产品如过出现质量安全问题，本企业愿承担一切法律责任和经济赔偿责任。

## 五、畜产品生产者执行畜产品召回和无害化处理制度

畜产品召回制度是指畜产品的生产经营者或经销商在获悉其生产、进口或经销的畜产品存在可能危害消费者健康的质量安全缺陷时，依法向政府部门报告，并及时通知消费者，从市场和消费者手中及时收回有问题畜产品，予以更换、赔偿的积极有效的补救措施，以消除不安全畜产品产生危害风险的制度。

按照我国《食品召回管理规定》，不安全食品是指有证据证明对人体健康已经或可能造成危害的食品，包括以下几种：①已经诱发食品污染、食源性疾病或对人体健康造成危害甚至死亡的食品；②可能引发食品污染、食源性疾病或对人体健康造成危害的食品；③含有对特定人群可能引发健康危害的成分而在食品标签和说明书上未予以标志，或标志不全、不明确的食品；④有关法律、法规规

定的其他不安全食品。

实施畜产品召回制度的目的就是要及时收回不安全畜产品，避免其流入市场对大众的人身安全损害的发生，以维护消费者的利益。畜产品召回制度的内容主要包括畜产品召回的管理体制及监管部门；畜产品质量安全危害调查和评估；畜产品召回的实施包括召回分级、召回方式、召回结果评估与监督、召回后处理以及信息管理等方面以及法律责任认定。

畜产品生产者要实行问题畜产品召回制度。畜产品的生产商、经销商或进口商在获悉其生产、经销或进口的畜产品存在可能危害消费者健康和安全问题时，必须依法向政府管理部门报告，并及时通知消费者。同时，还要及时从市场经销者和消费者手中收回问题产品，以消除危害风险。

在回收问题畜产品之后，畜产品生产者和经营者还要落实将回收畜产品全部进行无害化处理的制度，以保障问题畜产品没有可能再次流入市场，以保障问题畜产品不会危害到消费者的健康，以维护我国畜产品市场的诚信和稳定。

## 六、要完善流通环节畜产品质量安全预警和应急处理机制

畜产品质量安全是一个重大的公共卫生问题，恶性畜产品质量安全事件在全球范围内的频繁暴发，不仅危害到消费者的健康，也使畜牧产业遭受重大经济损失，而且对一个国家的食品安全也产生重大影响，有时甚至会导致社会不安定。为此，世界各国都纷纷开展畜产品质量安全预警系统的研究应用，并制定了突发畜产品质量安全事件的应急制度。

畜产品质量安全预警，是指通过对畜产品质量安全隐患的监测、追踪、量化分析、信息通报等措施，建立起一套针对畜产品质量安全问题的预警体系，对潜在的畜产品质量安全问题及时发出警报，从而达到早期预防和控制畜产品质量安全事件发生，最大限度

地减少其危害和损失的目的。畜产品质量安全预警系统的主要任务，是对已识别的各种可能影响到畜产品质量安全现象，进行成因过程和发展态势的描述与分析，揭示其发展趋势，并适时发出相应的警示信号。

　　未来我国必须要完善畜产品流通环节的质量安全预警机制，提高各级政府应对畜产品质量安全突发事件的应对能力。还要建立预警与危机应对机制，要组建一个协调有效的畜产品质量安全管理机构，负责收集发生畜产品质量安全问题的相关信息。一旦畜产品质量安全危机事件发生，该机构就可以迅速启动预警系统和应急处理机制，鉴定畜产品质量安全问题的性质和危害程度，并根据其可能导致危害的性质和程度对事件的后续处理实施监视、监测和跟踪。

# 参 考 文 献

2015 中美猪业发展研讨会．生猪养殖业发展模式：市场机制、政策和实践
　　［R］．北京：2015.

陈芬芬．浅谈从饲养环节确保畜产品质量安全［J］．养殖与饲料，2011（2）：
　　67-69.

陈一凡．食品供应链中生产与质量安全问题研究［D］．南京：南京大
　　学，2011.

崔国强．猪肉加工企业质量安全问题研究［D］．泰安：山东农业大
　　学，2009.

邓楠．中国食品安全战略研究［M］．北京：化学工业出版社，2006.

邓蓉．中国畜牧业发展研究［M］．北京：中国农业出版社，2005.

冯兵健．新形势下如何践行生猪屠宰检疫监管［J］．畜牧兽医杂志，2015
　　（1）：77-78.

冯忠武．对我国兽药行业发展现状的思考与建议［J］．农村工作通讯，2014
　　（23）：52-53.

韩文成．优质猪肉供应链核心企业质量安全控制能力研究［D］．泰安：山东
　　农业大学，2011.

洪晓晖．我国乳品产业食品安全管理分析［D］．北京：中国农业大
　　学，2005.

黄红卫，杨泽生．畜产品质量安全现状分析［J］．肉类工业，2008（11）：
　　43-46.

金红梅．关于农业产业化和农业产业链理论与实践的思考［J］．山西农经，
　　2010（1）：50-52.

金苗．关于畜产品质量安全的几点控制措施［J］．上海畜牧兽医通讯，2008
　　（3）：73.

乔娟．基于食品质量安全的批发商认知和行为分析——以北京市大型农产品
　　批发市场为例［J］．中国流通经济，2011（1）：76-80.

李东坡. 影响河南省畜产品质量安全问题的因素及防控对策 [J]. 北京农业，2013 (18)：104-106.

李建新，李兴荣. 浅谈生猪屠宰加工企业肉品质量安全的监管 [J]. 畜牧兽医杂志，2011 (5)：75.

李明华. 食品安全概论 [M]. 北京：化学工业出版社，2015.

李欣. 农产品质量安全的消费者行为研究 [D]. 北京：中国农业科学院，2007.

廖美亮. 基于供应链管理的农产品质量安全保障体系研究 [D]. 北京：北京交通大学，2010.

刘怀，陈苾. 加强畜产品质量安全源头把控的措施探讨 [J]. 农产品质量与安全，2010 (4)：45-47.

刘清宇. 生猪屠宰加工企业实施自愿性质量安全可追溯行为的影响因素研究 [D]. 杭州：浙江大学，2011.

刘万利. 养猪户质量安全控制行为研究 [D]. 成都：四川农业大学，2006.

刘万兆. 基于封闭供应链的猪肉质量安全控制研究 [D]. 沈阳：沈阳农业大学，2013.

刘维华，等. 浅谈畜产品质量安全的隐患及对策. 中国畜牧兽医 [J]. 2007 (7)：130-131.

刘宗华，沈永刚. 我国饲料安全现状及监控对策 [J]. 上海畜牧兽医通讯，2007 (1)：60-61.

罗南平，张仕洪. 影响畜产品质量安全的主要因素及提高畜产品质量安全的建议 [J]. 畜禽业，2014 (7)：61-63.

毛友林. 陕西省畜产品质量安全体系研究 [D]. 杨凌：西北农林科技大学，2009.

美国肉类出口协会. 美国猪肉101手册 [R]. 中国及香港办事处：2015.

蒙元红. 浅谈畜牧养殖环境污染现状及对策 [J]. 当代畜牧，2013 (29)：13-14.

娜日娜，刘迎春，等. 我国饲料安全现状与解决对策 [J]. 粮食与饲料工业，2012 (7)：44-61.

农业部. 强化兽药监管 保障动物产品质量安全 [J]. 猪业观察，2014 (11)：11.

彭玉珊，孙世民，周霞. 基于进化博弈的优质猪肉供应链质量安全行为协调机制研究 [J]. 运筹与管理，2011 (6)：114-119.

皮会庆，刘宏娟，刘志鹏，武斌．养殖环节监管存在的畜产品质量安全问题及对策 [J]．养殖技术顾问，2013 (7)：264-265.

钱建亚，熊强．食品安全概论 [M]．南京：东南大学出版社，2006.

邱礼平．食品安全概论 [M]．北京：化学工业出版社，2008.

沈玉君，赵立欣，孟海波．我国病死畜禽无害化处理现状与对策建议 [J]．中国农业科技导报，2013 (6)：167-173.

孙益明．加工环节食品质量安全标准和监管体系研究 [D]．南京：南京农业大学，2007.

唐向荣．加强食品生产加工环节质量安全监管的分析研究 [D]．南宁：广西大学，2014.

童瑶．屠宰过程猪肉质量安全追溯系统的设计与开发 [D]．南京：南京航空航天大学，2013.

万硕．肉品质量安全控制体系的建立及其品质分级研究 [D]．合肥：安徽农业大学，2012.

王可山，王芳．发达国家农产品质量安全保障体系及其借鉴 [J]．食品工业科技，2012 (1)：413-418.

王俊堂．养殖环节影响畜产品安全的因素及对策 [J]．河北农业科学，2008 (7)：65-67.

王志琴，陈静波，王军．我国畜产品质量安全存在的问题及控制对策 [J]．草食家畜，2010 (2)：8-11.

吴林海，谢旭燕．生猪养殖户认知特征与兽药使用行为的相关性研究 [J]．中国人口·资源与环境，2015 (2)：160-169.

吴学兵，乔娟，宁攸凉．生猪屠宰加工企业纵向协作形式选择分析——基于对北京市 6 家屠宰加工企业的调查 [J]．农村经济，2013 (7)：52-55.

晓白．我国屠宰行业存在的问题及成因分析 [J]．中外食品，2006 (5)：14-16.

肖红波，王明利，王济民．世界畜牧业发展趋势与前景分析 [J]．世界农业，2013 (2)：70-76.

闫小峰．我国兽药质量安全现状 [J]．中国牧业通讯，2006 (24)：28-30.

杨芬红．关于做好化隆县畜产品质量安全工作的思考 [J]．青海畜牧兽医杂志，2012 (6)：55-56.

杨林华，于嗣祥，徐爱玲，李志民．我国畜产品生产中的质量安全隐患及控制措施探讨 [J]．邯郸职业技术学院学报，2009 (3)：43-46.

杨生娟. 病死畜禽无害化处理存在的问题及对策［J］. 畜牧兽医杂志，2014
　（6）：57-58.

佚名. 加强兽药市场秩序整治 保障动物产品质量安全［J］. 江西饲料，2011
　（2）：49-50.

尹春阳. 吉林省肉牛养殖户质量安全控制行为研究［D］. 长春：吉林农业大
　学，2011.

张存根. 转型期的中国畜牧业：趋势与政策调整［M］. 北京：中国农业出版
　社，2006.

张剑波，孟阳. 中国生猪屠宰行业现状与存在的问题及建议［J］. 当代畜牧，
　2014（36）：1-2.

张建新，沈明浩. 食品安全概论［M］. 郑州：郑州大学出版社，2011.

张金鹏，彭道和，李庆华，吴大安. 畜禽养殖粪污处理中存在的问题及建议
　［J］. 湖北畜牧兽医，2011（7）：18-19.

张丽. 我国畜产品质量安全管理现状与发展对策［J］. 河北农业，2013（8）：
　57-60.

张利庠. 中国饲料产业发展报告［M］. 北京：中国农业出版社，2006.

张守明，王鹏翔，石志斌，李秀萍，侯华萍. 畜产品质量安全的影响因素与
　对策［J］. 现代畜牧兽医，2009（1）：27-29.

郑文堂，肖红波，邓蓉，王济民. 我国生猪疫病及其影响因素的实证分析
　——基于四川等 4 个生猪生产大省养殖户的调研［J］. 中国畜牧杂志，
　2014（22）：51-56.

郑宇鹏. 基于供应链的逆向农产品质量安全管理模式研究［D］. 北京：中国
　农业科学院，2007.